U0363393

人气摄影师的

PHOTO SHOP

数码摄影
后期处理技法解密

杨比比 著

人 民 邮 电 出 版 社

北 京

内容提要

    本书是杨比比从事摄影教学20多年来后期处理心得与绝密技法的总结与分享，也是900万网友推荐必学的摄影后期教程。本书精准地抓住广大摄影爱好者对照片调整的迫切需求，精选了时下流行的去除照片中多余的游客、活力四射的团体照效果、超现实HDR效果、超快速星轨叠图、照片做旧效果、鱼眼效果等摄影爱好者们必学必备的后期处理技巧和特效，让他们可以在最短的时间内了解使用Photoshop处理数码照片的相关知识和技能，并融会贯通、举一反三，完成自己的艺术作品。

    无论你是喜爱还原现场光影的"写实派"，还是热爱数码后期创作的"抽象派"，都能够通过阅读本书展开一场不同于以往的后期修图之旅。尤其是对于没有太多预算购买"皇镜""大三元"的摄影爱好者来说，运用本书分享的后期处理秘诀，可以再现那些错失的美好瞬间。

希望杨比比的分享
能
放大你眼中的美
传达你独特的风格
捕捉你心中的感动

我是永远热血的 杨比比

这本书送给我家两个可爱的姑娘

摄影师介绍

T_F_Chen

亲爱的姐夫，谢谢您这么多年来所提供的支持。每每看到您精彩的作品，都让我感动不已，非常期待您明年的摄影作品。再次感谢。

NK Chang

NK Chang 是红外线改机神手，也是引领杨比比走进红外线的入门导师。感谢 NK 在杨比比写书期间提供了红外线摄影的专业知识，谢谢！

陈飞

社交网络上认识的新伙伴，是一位摄影作品充满神奇魅力的年轻摄影师。非常欣赏他在照片中展显的后期制作手法，更感谢他提供的彩色星轨，谢谢。

Teddy Wei

Teddy Wei 的作品中有种独特的男性魅力，低调而阳刚，是杨比比非常仰赖的摄影师。谢谢他的热血支持，感谢。

Eddie Chen

Eddie 陈忠利，人气颇高的自行车旅游作家，畅销书作者，希望喜爱自行车旅游的同学多多支持。

宋永州

A.T.N IR Play 红外线改机工作室负责人，是红外线摄影领域中一等一的改机高手。谢谢宋大师提供红外线摄影作品，再次感谢。

感谢各位摄影师的支持

夏蓉

晨昏摄影的高手，黑卡摇得相当精准，是亚乐老师的嫡传弟子，更是杨比比的学姐。在此感谢她费心寄送照片让杨比比写书，谢谢。

紫筱蝶

筱蝶也是杨比比的学姐，同为亚乐老师的学生，她的摄影作品温暖迷人，色调优雅。谢谢她分享许多晨昏照片，让杨比比练习 Josh 风格，谢谢。

隋淑萍

也是亚乐老师这一伙儿的，为人随和大方。其摄影作品具有强烈的视觉感，是杨比比非常欣赏的摄影师。我们的交情不用说谢，拍拍肩膀就好。

亚乐

亚乐老师是杨比比摄影的启蒙老师。两年前的一场意外，让老师与师母备受打击，能再次看两位的笑容，觉得特别感动。

本书作者
杨比比

杨比比，本名杨姁，不会念没关系，反正从小到大没有老师点过我的名字，我都习惯了，否则怎么会改一个这么简单的笔名咧；"姁"发音同"许"，有温和喜悦的意思。老爸知道杨比比长大肯定不是美女，所以寄托在我的个性上，我的个性急，脾气不算太好，但每天欢欢喜喜的，起码符合老爸一半的期待。

前言

　　图像处理就像这页的版式一样，简单、明确，不需要多余的设计，没有分散注意力的元素，没有刻意加工的照片，让画面中的空白区域成为衬托文字的重要角色，充分展现出简约、清晰、自然的现代风格。

　　很多时候，我们会经不起诱惑，想在照片的空白处加上太多的效果。但这往往造成影像的负担。我们都知道，适度的留白能创造强烈的视觉感。杨比比写书也是一样，精准地识别出所有摄影同好对于图像处理的需求，让各位在最短的时间内，了解Photoshop处理数字照片的方式，并掌握后期制作的技巧。

CONTENTS 目录

摄影后期
Photoshop
面对面

第 1 章
Chapter

马步还得扎得稳　熟悉 Photoshop CC 环境界面　**018**

"窗口"菜单控制所有面板　**020**

检查 Photoshop 版本　**022**

指定 Photoshop 界面色调　**023**

认识工具栏选项　**024**

卡住指令的色彩模式　**025**

写实派大战抽象派　**026**

认识后期，专注摄影　**027**

还原按下快门前的构思
Camera Raw

第2章

Chapter

使用 Camera Raw 编辑照片的好处 **030**

什么是 RAW 格式 **030**

什么是 Camera Raw? 需要另外安装吗 **030**

为什么需要用 Camera Raw 来编辑照片 **031**

Mini Bridge 是连接文件的桥梁 **032**

用 Mini Bridge 打开 RAW 格式文件 **034**

用 Mini Bridge 打开 JPG 格式文件 **036**

报告 Mini Bridge 无法打开 **038**

RAW 格式文件自动修片三重奏：曝光、变形、相机配置文件 **040**

大量 RAW 格式文件同步编辑摄影师必备技法 **044**

单独调整 Camera Raw 中的文件 **048**

更弹性的 Camera Raw 同步处理 **049**

JPG 格式也可以享受部分自动控制 **050**

同步移除多张 JPG 图片上的日期 **054**

还原按下快门前的构思
Camera Raw

第 2 章

Chapter

Camera Raw 与 Photoshop 版本之间的关系 **060**

CC 与 CS6 污点去除工具的差异 **061**

Camera Raw 更接近拍摄当时的曝光量 **062**

Camera Raw 更均匀的曝光控制修正局部偏暗 **066**

Camera Raw 还原曝光过度的天空细节 **070**

整张都太亮也能拉回来 **074**

Camera Raw 自动白平衡 **078**

Camera Raw 后期晨昏色温 **082**

Camera Raw 改变 JPG 色调 **086**

重新体验 Camera Raw 明暗控制、曝光调整 **090**

必须背下来的 Camera Raw 快捷键 **092**

快速还原 Camera Raw 的默认值 **093**

Camera Raw 与 Photoshop 共用的快捷键 **093**

重现摄影魔幻时刻

第3章

Chapter

Camera Raw 细腻地提高饱和度　096

自然饱和度 VS 饱和度——风景照对比　100

自然饱和度 VS 饱和度——人物照比对　101

晨昏照片（一）平衡高反差　102

晨昏照片（二）明暗分区调整　106

晨昏照片（三）精准拉高指定区域的亮度　110

晨昏照片（四）过曝的天空可以叠图　114

晨昏照片（五）保护万丈光芒不过曝　120

重现摄影魔幻时刻

第3章

Chapter

晨昏照片（六）HDR 高动态叠图处理 **124**

晨昏照片（七）传统叠图最自然 **128**

调整蓝天（一）色调与饱和度 **132**

调整蓝天（二）善用相机校正 **136**

调整蓝天（三）渐变滤镜 **138**

调整蓝天（四）调整画笔 **140**

调整蓝天（五）高级处理技法 **142**

更自然地修饰照片

第 4 章
Chapter

Camera Raw 重新调整构图 **148**

Camera Raw 拉直水平线并重新裁剪 **152**

构图前景忽略背景的水平 **154**

有弧度的歪斜也能拉正 **156**

黄金螺旋线构图裁剪法 **160**

透视裁剪目的性裁剪 **164**

摆脱镜头上的灰尘与风沙 **166**

更自然地修饰照片

第 **4** 章

Chapter

修复人像应该更细腻　**170**

总是拍到自己的影子　**172**

轻松摆脱多出来的游客　**176**

善用透视点清除人物　**180**

制作出令人惊叹的光芒与耀光　**184**

樱花、火车双焦点处理　**188**

重新合成跳跃活力团体照　**190**

不一样的全景合成效果　**192**

丰富想象力的影像处理

第5章
Chapter

单张照片超现实 HDR 处理 **198**

加强银河贝壳般的超美色调 **202**

75 张星轨叠图超快速 **204**

嘘！无中生有的星轨 **206**

轻松体验合成烟火 **210**

摄影必学去背景抠图 **212**

仿老旧照片叠牛皮纸处理 **218**

最接近鱼眼镜头拍摄的效果 **220**

捕捉自然脉动延时摄影 **222**

Josh 风格（一）动态水面 **226**

Josh 风格（二）梦幻沙滩 **228**

Josh 风格（三）斜射霞光 **230**

Josh 风格（四）梦想云彩 **232**

锐化与签名

第6章
Chapter

Camera Raw 输出锐化　　**236**

CC 版本新增防抖滤镜　　**238**

顶尖摄影师的锐化参数　　**242**

最重要的锐化效果　　**246**

简单深刻的文字描述最能感动观赏者　　**249**

投影效果能突出文字　　**250**

衬底矩形使文字更清晰　　**254**

第 **1** 章

Chapter

摄影 后期
Photo Shop
面对面

Photo by Yangbibi
1/300s f/5.0 ISO 1000

马步还得扎得稳
熟悉 Photoshop CC 环境界面 适用版本CS6/CC

"什么？CC……我才更新 CS6！"同学，软件的版本是一定要更新的，这是 Adobe 的工作，也是吃饭的家伙，软件不往前推进，哪来的钱继续研发？人家也是要买 iPhone 的，这点私心，要能体谅（点头）。

即便杨比比使用的版本是 CC，也不必太担心，因为 CC 的环境界面与 CS6 如出一辙，如果不说，单看界面，同学根本分不清楚谁是谁，长得都一样哦！

1. 指定 Photoshop 工作区为"摄影"。
2. 菜单栏"窗口"中选取"扩展功能"。
3. 打开 Mini Bridge 面板并移动到工作区下方。

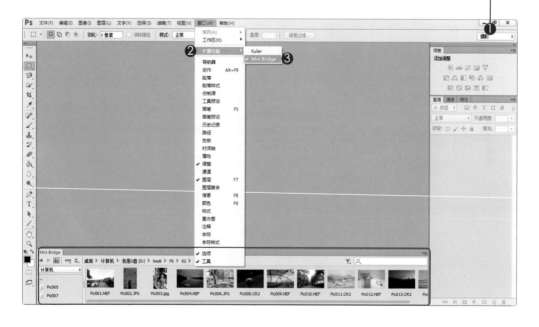

Mini Bridge 面板无法显示

Mini Bridge 不是 Photoshop 内置的功能，它需要通过 Adobe 系统安装的过程，加载程序。

简单地说，如果 Photoshop 必须透过 Setup、Install……安装进入计算机中，才能正常启动 Mini Bridge。

单击菜单栏的"窗口"后"扩展功能"选项显示是灰色的，或者单击"扩展功能"选项后，显示无此外挂等错误信息，表示 Photoshop 没有正确安装。

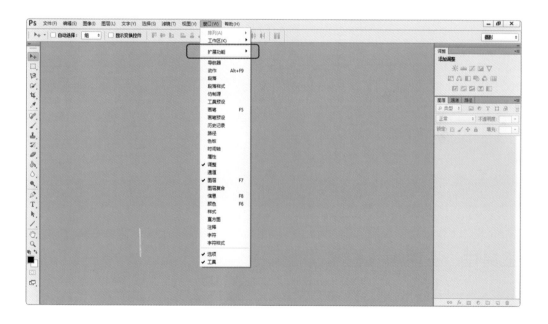

Mini Bridge 是衔接所有影像格式（包含 RAW ）与 Photoshop 之间的桥梁，因此，必须透过 Adobe 的安装程序，正确将软件安装进计算机中，才能顺利使用 Mini Bridge 面板，这一点相当重要。

"窗口"菜单
控制所有面板

适用版本CS6/CC

老实说，找不到书上所说的工具或是面板，是令人慌张的，虽然杨比比会在练习中不断唠叨面板与工具的位置或是快捷键，但大原则得记住；首先，所有的面板与工具都放置在"窗口"菜单选项中；其次，单击"基本功能"工作区，也能还原到默认的Photoshop环境。

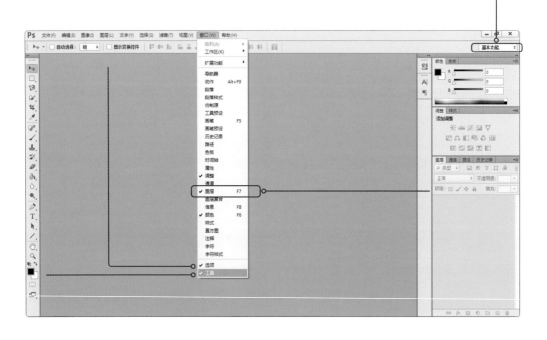

工具栏、工具属性栏与图层面板

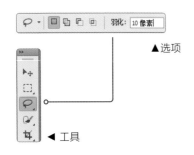

▲ 选项

▲ 工具

单击窗口左侧工具栏中的工具，上方工具属性栏便会依据工具内容展现相关设定。

上图窗口右侧显示的"图层"面板，也是非常厉害的一款"武器"，是编辑数码照片最需要的工具面板，同样能在"窗口"菜单中打开。

按 "Tab" 键快速隐藏所有面板

同学试着按键盘的 "Tab" 键，便能隐藏所有的工具与面板，这是一项挺贴心的服务，让设计者迅速排除所有影响视觉的元件，精准地查看照片内容。好了！现在可以再按一次 "Tab" 键还原面板与工具咯！

▼面板隐藏后，试着将鼠标靠近左右或是下方的深色区域约两秒，面板会再次显示。

按 "F" 键切换屏幕显示模式

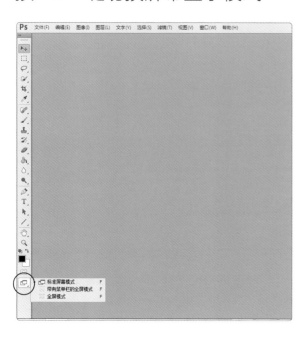

按字母键 "F"，便能在全屏模式、标准屏幕模式、带有菜单栏的全屏模式这三种模式间进行切换。

同学也可以直接按下工具箱下方的模式按键（红圈处）来进行屏幕模式的切换。

记得，即便是在全屏模式下，还是可以将鼠标靠近原有的面板位置，停约两秒，就能再次显示面板，方便我们在全屏模式的状态下调整照片的视图比例。

检查
Photoshop版本

"比比！我的Photoshop版本好像不是CS什么的耶，上面显示13"同学！Photoshop 13版就是CS6。Adobe也真是的，没事搞这么复杂，CS6就CS6，还排什么序，弄得大家迷糊。现在请同学检查Photoshop版本。

1. 单选菜单栏"帮助"。

2. 执行"关于Photoshop"。

3. 显示Photoshop版本。

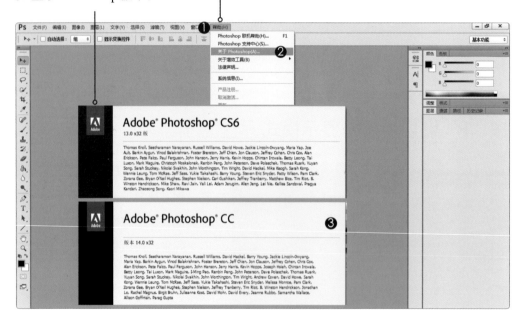

指定 Photoshop 界面色调

　　为了写书方便，其实也是习惯，杨比比习惯将 Photoshop 环境设定为浅灰色，一来方便印刷，二来……就是习惯了。同学可以试着依据下列方式，在首选项中修改 Photoshop 界面色调，黑色不错，建议使用。

1. 单击菜单栏"编辑-首选项"执行"界面"命令。

2. 显示首选项"界面"选项。

3. 选取需要的颜色主题。完成后请按下"确定"按钮。

运用快捷键切换界面颜色主题

　　"Shift+F1"及"Shift+F2"这两组快捷键，可以在 CS6 版本中循环切换不同深浅的界面主题颜色。杨比比觉得这是组浪费脑子的快捷键，纯粹花哨。所以 CC 版本不玩这招，想调整界面色调，请直接进入首选项界面。

认识
工具栏选项

适用版本 CS6/CC

相信比比，这已经是没有办法的办法了，总是有同学找不到工具，尤其是"魔棒"这款无缘的工具，怎么会这样咧？来！这回杨比比不讲解，直接通过操作的方式，让刚入门的同学牢牢记住工具选项的启动方式。

——移动鼠标指针到左侧工具栏的第四个按钮上
——单击鼠标右键，或是按下按钮约三秒钟
——即可显示工具栏

▲ 工具栏中单击"魔棒工具"。工作区上方的工具属性栏，便会显示魔棒的相关设置。

工具快捷键

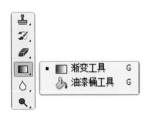

所有的工具都配有一组快捷键，例如"渐变工具"选项，使用字母键"G"为快捷键。也就是说，不论我们在哪一款工具中，都可以直接按下字母键"G"，快速切换为"渐变工具"。按快捷键"Shift+G"则能切换"渐变工具"选项中的其他工具。

刚入门的同学，就别记这些快捷键了，杨比比会在后续的练习中，提醒各位几组重要的快捷键，至于工具快捷键，是非常次要的问题，只要有概念就可以了。

卡住指令的
色彩模式

适用版本CS6/CC

怎么指令都是灰色的不能使用呢？同学！Photoshop必须在RGB模式下才能正常使用所有的工具指令，如果彩色模式为"索引（GIF格式）"或是"CMYK"就容易卡住指令，无法正常作业，来看看处理方法。

1. 选项卡中显示色彩模式为"索引颜色"。

2. 调整面板中所有的功能都无法使用（呈现灰色失效状态）。

3. 单击菜单栏"图像-模式"。

4. 指定色彩模式为"RGB颜色"。

什么是"索引颜色"

支持256色，也提供动态图形的"GIF"格式，所使用的色彩模式就是"索引"颜色。由于GIF能显示的色彩限制在256色之内，因此Photoshop无法在索引模式中提供完整支持，必须更换模式为RGB颜色才能运用所有的功能。

写实派
大战抽象派

　　数码修片有两种主要派别（当然，还有反对修片这一个门派，先不列入考虑吧），一类是强调原汁原味的"写实派"，修片不夸张，以还原拍摄当时的光影色调为主。另一类则是传达摄影者意念与心中记忆的"抽象派"。

▲ 写实派：忠实还原拍摄时的光影变化。

　　对抽象派的摄影师而言，修片不仅仅是还原真实，还是一种珍藏回忆、传达想象，清晰地呈现拍摄瞬间情绪与感动的方式，这也是摄影的另一种魅力。

认识后期，
专注摄影

适用版本 CS6/CC

跟了摄影圈，迷上了大自然的风景，才知道什么是热血，能连着几天不睡、黑着眼眶、红着眼睛，在暗夜中奔驰、在寒风中受冻，却依然能挺直腰杆，对着那小小的观景窗，思考拍摄数据的调整，同时构筑画面，如果当年用这样的精神念书，考试绝对手到擒来（握拳）。

寒夜冷风中的守候，常为了那短短几十分钟的神奇霞光，如果把时间花在切换相机模式、更改设置，便可能错过了那最美的瞬间。

认识后期，便能了解

——色温可以变换

——反差可以减少

——偏暗可以调整

——蓝天可以补上

——突然现身的路人甲能修掉

——模特手臂上突出的赘肉也能透过后期消除

少了这些考虑与顾忌，就能有更多时间，专注在构图与对焦之间，因为我们知道数码照片后期的秘密，懂得后期的诀窍，更重要的是……同学背后，有杨比比挺着，同学，这是真的，修片有问题（感情的事就不要找我啦）可以发个信息过来，记得将照片一并附上，杨比比回信的速度非常快，不要客气哦！

现在请同学先去倒杯水（记得多喝水），做个十分钟伸展操，回头将杨比比提供的素材文件夹内所有范例文件，复制到计算机硬盘中，准备开始修片。

第2章
Chapter
Camera Raw

还原按下快门前的构思

Photo by T_F_Chen
1/350s f/10 ISO 20

1.5s f/5.6 ISO 800 Photo by T_F_Chen

使用
Camera Raw
编辑照片的好处

适用版本 CS6/CC

可以先踩一下刹车吗？这是Photoshop的书吧！Camera Raw是什么玩意？可以煮汤吗？煮汤建议用不带肉的大骨（注：RAW发音为"肉"），记得先过水烫一下去除腥味及血水，广东话说"飞水"，意思是一样的。

什么是RAW格式

RAW是一种相机不介入色调与明暗调整的格式，能保留完整的拍摄数据信息，提供最大的编辑幅度。通常单反相机、微单相机、类单反相机都支持RAW格式。

什么是Camera Raw？需要另外安装吗

Camera Raw包含在Photoshop之中，不需要另外安装。早期用来调整单反相机的RAW格式照片，Photoshop进化到CS3之后，Camera Raw除了可处理RAW格式之外，也支持JPG与TIF两种影像格式。

这表示，即便是一般消费型相机或者是手机所拍摄的JPG格式，都能采用Camera Raw程序来进行处理，以更细致的方式编修照片的明暗与色调。

为什么需要用Camera Raw来编辑照片

对于习惯拍摄RAW格式的摄影师来说，Camera Raw绝对是编辑图像的第一个步骤；因为Carmera Raw能细腻地还原RAW文件的各项细节，并保留所有的编辑数据，工具的整合与协调性都很高，即便同学们习惯以JPG格式进行拍摄，都可改以Camera Raw为编辑图像的首选工具。

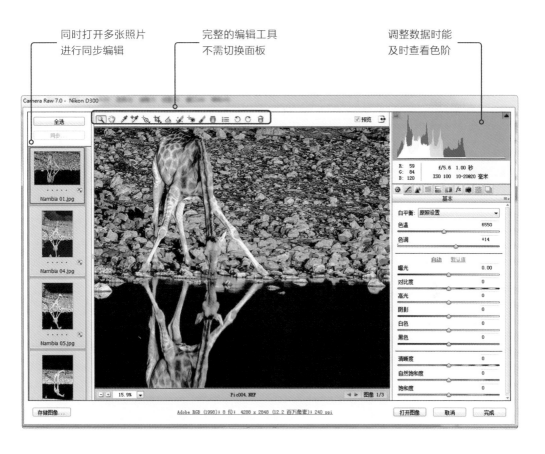

同时打开多张照片　　完整的编辑工具　　调整数据时能
进行同步编辑　　　　不需切换面板　　　及时查看色阶

不论我们在Camera Raw中如何调整照片，即便是大幅度地调整裁切，Camera Raw都会以特殊的方式（也就是常听到XMP文件），将这些数据记录在照片中，不会破坏原始图像的内容与范围，可以放心地使用。

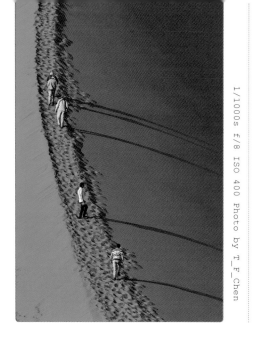

1/1000s f/8 ISO 400 Photo by T_Chen

Mini Bridge
是连接文件
的桥梁

适用版本 CS6/CC

Windows 与 Adobe 之间有明显的代沟，不管是 Photoshop 专用的 PSD 或是 RAW 格式，Windows 系统都无法正常显示缩略图，因此建议同学，使用 Mini Bridge 来作为打开存档的工具，先来看看如何打开 Mini Bridge。

A. 启动 Mini Bridge

1. 单选菜单栏"文件"。
2. 在下拉列表中执行"在 Bridge 中浏览"。
3. 打开 Mini Bridge 面板。

窗口下方是 Mini Bridge 面板最好的藏身之处，刚入门的同学，建议您先了解面板的控制与调整之后，再进行接下来的练习，会比较轻松。

B. 换个方式再来

1. 单选菜单栏"窗口"。
2. 在下拉列表中选择"扩展功能"选项。
3. 在"扩展功能"子菜单中执行"Mini Bridge"。
4. 同样能打开 Mini Bridge。
5. 单击"启动 Bridge"按钮。

　　Mini 只是个幌子，得按下"启动 Bridge"，打开背后那个体积庞大的超级桥梁 Adobe Bridge，才能顺利启动 Mini Bridge。

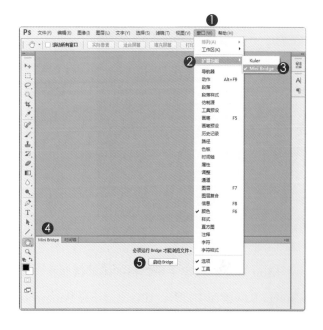

C. 寻找文件夹

1. 在菜单中单击"计算机"。
2. 选择存档所在的文件夹。
3. 显示所有格式的缩略图。
4. 双击"Mini Bridge"选项卡使面板最小化。

　　这话好像讲过很多次了，就像杨比比叫皮蛋妹起床，从小学喊到高中，作用不大；杨比比提供的素材文件，到底下载到硬盘中没有呀？还没下载的同学，不要装傻，赶快行动。

1/3200s f/5.6 ISO 1250 Photo by Yangbibi

用 Mini Bridge
打开 RAW
格式文件

适用版本 CS6/CC

　　Mini Bridge 指定了所有格式的默认程序，NEF（Nikon 的 RAW 格式）会直接在 Camera Raw 窗口中打开。JPG 则显示在 Photoshop 内。

A. Mini Bridge 打开 RAW

1. 双击 Mini Bridge 选项卡展开面板。
2. 拖曳边框调整面板范围。
3. 双击 Pic001.NEF 缩略图。

　　RAW 文件是一种具有最大调整空间的图像格式，不代表它的文件扩展名是 RAW。不同厂商的相机 RAW 文件的文件扩展名都不一样。Nikon 是 NEF，Canon 是 CR2。

B. 启动 Camera Raw

1. 打开 Pic001.NEF。
2. 单击"白平衡"选项。
3. 选取"日光"。
4. 白平衡改变了照片的色调。

　　Camera Raw 具有如此完整的
白平衡选项，那同学拍摄照片时，
是不是可以先抛开测试白平衡这
个想法，专注在其他的参数咧！

C. 还可以全自动曝光

1. 单击"自动"。
2. 全自动调整曝光参数。
3. 云的细节都出来咯。
4. 单击"完成"按钮。

　　单击"完成"按钮后，
Camera Raw 会将调整过的参数
跟随着 RAW 文件记录下来，但
仅仅是记录，这些数据不会改变
RAW 文件，也不会对 RAW 文件
进行变更。

1/250s f/8 ISO 200 Photo by T_F_Chen

用 Mini Bridge
打开 JPG
格式文件

适用版本 CS6/CC
参考范例素材 \02\Pic002.JPG

　　Mini Bridge中JPG格式的默认应用程序为Photoshop，因此同学不能直接双击JPG缩略图，必须另外指定才能将JPG文件在Camera Raw的窗口中打开。

A. Mini Bridge打开JPG

1. 双击Mini Bridge选项卡展开面板。
2. Pic002.JPG上单击鼠标右键。
3. 单击"打开方式"菜单。
4. 在"打开方式"菜单中执行"Camera Raw"命令。

　　JPG格式的默认应用程序是Photoshop，所以不能像RAW文件一样直接双击缩略图，得通过菜单特别指定打开方式。

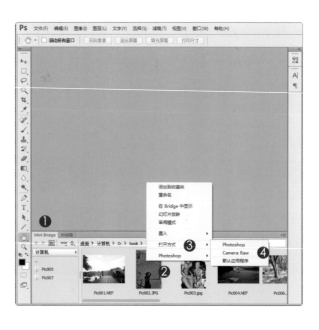

B. 启动 Camera Raw

1. 打开 Pic002.JPG。
2. 单击"白平衡"菜单。
3. 只有三个选项。

　　白平衡选项少，相对地调整弹性就降低，这是为什么摄影老师总让我们拍 RAW 的主要原因（杨比比你为什么总是拍 JPG 咧）就是偷懒咧……偷懒懂吧！

C. 自动调整曝光参数

1. 单击"自动"。
2. 似乎不太理想。
3. 单击"默认值"回到原始状态。
4. 单击"取消"按钮。

　　单击"取消"按钮表示不做变更，JPG 还是原始状态，没有进行任何调整。同学也别担心，JPG 的编辑幅度没有想象中窄，自动不行，还能手动，等会儿一起看看。

1/60s f/4 ISO 200 Photo by T_F_Chen

报告
Mini Bridge
无法打开

适用版本 CS6/CC
参考范例素材 \02\Pic003.JPG

就这么巧，刚好有读者问比比，Mini Bridge无法启动怎么办？没关系，杨比比还有一招。

A. 最传统的打开方式

1. 单击菜单栏"文件"。
2. 在下拉列表中执行"打开为"命令。
3. 在弹出的对话框中单击 Pic003.JPG。
4. 指定文件格式为Camera Raw。
5. 单击"打开"按钮。

在还没有Mini Bridge的 CS3版本，就是使用这样的方式将JPG在Camera Raw环境下打开，同学可以试试。

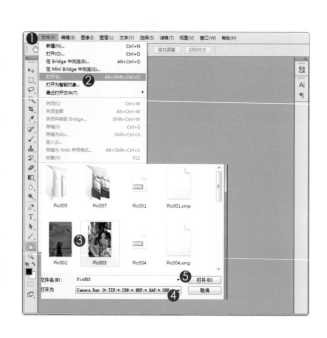

B. 启动 Camera Raw

1. 打开 Pic003.JPG。
2. 色温设置为 "+10"。
3. 改变照片色温。
4. 按住 Alt 键并单击 "打开拷贝"
   按钮。

　　Camera Raw 为保留文件的
完整性，会将调整的参数记录在
"XMP" 文件中，不直接套用的
图像内；单击 "打开拷贝" 则会
将 Camera Raw 窗口内的影像状
态直接备份到 Photoshop 中进行
后续编辑……有点复杂，没关系，
还有好多内容要聊，我们慢慢来。

C. 回到 Photoshop

1. 在编辑区中打开文件。
2. 单击 "图层" 按钮。
3. 打开 "图层" 面板。
4. 显示 JPG 的背景图层。

　　现在，即便没有 Mini Bridge
也能将 JPG 文件在 Camera Raw
中打开咯！同学没有理由、没
有借口，得乖乖地完成下面的
练习。

▲ 菜单栏 "窗口" 中打开 "图层"

RAW格式文件
自动修片三重奏：
曝光、变形、相机
配置文件

适用版本 CS6/CC
参考范例素材 \02\Pic004.JPG

Camera Raw只是看起来很复杂，其实一点都不难，还帮我们准备了全自动曝光控制、镜头变形校正，与相机专用的色调配置文件，多亲切呀！

A. 最传统的打开方式

1. 打开 Mini Bridge 面板。
2. 选取样片所在的文件夹。
3. 双击 Pic004.NEF 缩略图。

学 Photoshop 不像游泳、骑车这种有身体记忆的课程，三天没有使用，可能就忘记了，所以杨比比得反复提醒，时时唠叨，才能让同学们将启动 RAW 文件的程序牢牢记住。

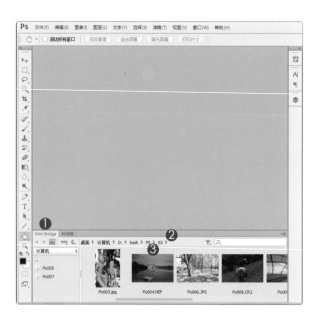

B. 全自动曝光

1. 单击"基本"面板。
2. 单击"自动"按钮。
3. 自动调整照片的曝光度。

　　单击"自动"按钮后，下方六组参数从"曝光"到"黑色"全部都会以一种稳定准确的方式进行调整，还不错吧！

C. 校正镜头变形

1. 单击"镜头校正"按钮。
2. 单击"配置文件"选项卡。
3. 勾选"启用镜头配置文件校正"复选框。
4. 自动搜寻到镜头并校正照片中的变形。

　　同学可以试着取消勾选窗口上方的"预览"复选框，借以反复检查镜头校正前后的差异。比比觉得暗角修掉很多耶。

D. 启动相机专用的配置文件

1. 单击"相机校准"按钮。
2. 指定相机配置文件名称为 Camera Landscape。
3. 变更照片色调。

　　所谓的相机配置文件，就是我们常说的风格文件。Adobe会依据相机的品牌提供不同的配置文件。同学可以试着打开自己拍摄的RAW文件，测试配置文件。

E. 监视曝光过度区域

1. 单击色阶图右侧红色按钮。
2. 编辑区中显示曝光过度区域。

　　色阶图右上角的按钮，进行曝光过度监视，正常状态下是"黑色"，但目前显示"红色"便表示照片中的"红色"色板曝光过度。

F. 改善曝光过度区域

1. 单击"基本"按钮。

2. 向左拖曳"白色"滑块，直到
   按钮变为黑色。

3. 再次单击按钮，关闭曝光过度
   监视。

　　"CS5 版不能使用吗？"比
较不方便，因为 Camera Raw 进
入 8 系列之后，运算照片的方式
做了大幅的变更，处理的手法完
全不同，所以不敢将本书的使用
范围涉及 CS5，请同学们见谅。
谢谢大家。

G. 存储为 JPG 格式

1. 单击"存储图像"按钮。

2. 打开"存储选项"对话框。

3. 单击"选择文件夹"指定文件
   存放位置。

4. 指定文件扩展名"JPG"。

5. 设定压缩品质为"10"。

6. 单击"存储"按钮。

　　同学可以看得出来 Camera
Raw 已经是一套完整的图像编辑
工具，可以独立编辑照片并加以
存储，非常方便吧！

大量RAW格式文件同步编辑摄影师必备技法

适用版本 CS6/CC
参考范例素材 \02\Pic005\

杨比比知道同学要说什么："RAW不会只有一张？一大堆RAW该怎么处理？"没错吧！就是这个问题（超级准），一起来看看。

A. 选取多张RAW文件

1. 打开Mini Bridge面板。
2. 打开文件夹02\Pic005。
3. 拖曳鼠标选取所有的文件。
4. 单击鼠标右键选取"打开方式"。
5. 在"打开方式"子菜单下执行"默认应用程序"命令。

　　RAW文件的默认应用程序就是Camera Raw，所以"素材\02\Pic005"文件夹内的三张RAW文件会直接在Camera Raw窗口中打开，这就是同时打开多张RAW文件的方式。

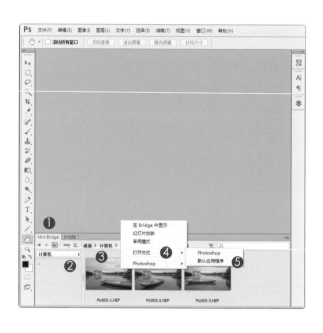

B. 选取所有的 RAW 文件

1. 所有的 RAW 文件在左侧打开。
2. 挑选一个主要的控制文件。
3. 单击"全选"按钮。

　　风景真的难拍，老天爷打光不商量的，杨比比黑卡摇得不好，希望这次去霞浦，十面老师能多指点比比，拍些好的照片回来分享。

C. 自动曝光控制

1. 单击"基本"按钮。
2. 单击"自动"。
3. 三个文件同时调整曝光。

　　左侧三个 RAW 文件名称右上角产生了一个标示为调整的图示，表示目前的 RAW 文件已经被编辑过，不再是默认的状态。

D. 镜头校正

1. 单击"镜头校正"按钮。
2. 单击"配置文件"选项卡。
3. 勾选"启用镜头配置文件校正"复选框。
4. 自动检测照片的拍摄镜头。

    如果检测错镜头（概率很低），同学可以用"制造商、机型"选项中重新指定镜头。当然，也可以试试不同的镜头校正后的图像状况，说不定会有意外的惊喜。

E. 指定相机风格文件

1. 单击"相机校准"按钮。
2. 指定相机配置文件名称为Camera Vivid。

    色阶图右上角的曝光过度图示目前为蓝色，表示相片中的蓝色色板曝光过度，按一下曝光过度按钮，应该是上方的云有些曝光过度，我们来进行调整，继续下一步咯！

F. 改善曝光过度区域

1. 单击"基本"面板。
2. 向左侧拖曳"白色"滑块。
3. 直到"曝光过度"按钮变黑。
4. 三张图片同时变更。

　　窗口左侧缩略图上的黄色三角图示表示目前正在同步校正曝光过度。对了，因为三张RAW文件的曝光参数都不同，所以基本面板中的曝光数值以空白显示，这是正确的。

G. 另存文件

1. 确认三份RAW文件都选中。
2. 单击"存储图像"按钮。
3. 单击"选择文件夹"指定文件存放位置。
4. 文件扩展名"JPG"。
5. 设定品质为"高（8-9）"。
6. 单击"存储"按钮。

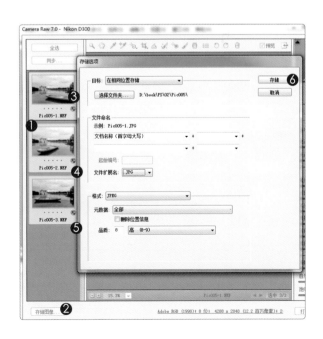

　　如果不打算输出冲印，只想透过屏幕观赏或放在朋友圈中，JPG的压缩品质控制在"高"就能有很不错的表现咯。

单独调整
Camera Raw中的文件

即使是同时拍摄、相同的快门、光圈、ISO值，色调与曝光上都会有些差异，因此在 Camera Raw中进行调整时，同学可以试着分批处理，或是一对一直接"面谈"（笑），Camera Raw也不是那么死板，非常有弹性的耶！

1. 打开所有需要编辑的RAW文件。
2. 按住"Ctrl"键单击需要调整的RAW文件。
3. 向右侧拖曳"曝光"滑块提高照片曝光程度。
4. 只有被选取的照片会改变曝光。

更弹性的
Camera Raw同步处理

　　Camera Raw在江湖上闯荡这么久，除了对于各厂家RAW文件的高支持度之外，最吸引人的就是它同步处理的弹性。我们可以选择仅同步处理色调或是曝光，每一个环节都可以自己掌握，不仅弹性，还很人性。

1. 单击一张RAW文件进行曝光度或是其他控制调整。
2. 单击"全选"（或是按住"Ctrl"键挑选特定的几张）。
3. 单击"同步"按钮打开"同步"对话框。
4. 勾选需要同步的项目后，单击"确定"按钮结束编辑。

1/250s f/6.3 ISO 200 Photo by Yangbibi

JPG格式
也可以享受
部分自动控制

适用版本 CS6/CC
参考范例素材 \02\Pic006.JPG

JPG 的编辑幅度没有 RAW 来得宽，只能进行部分控制；这也是多数摄影师喜欢拍 RAW 文件的原因，RAW 文件的辨识度高，修改弹性比 JPG 大很多。

A. Camera Raw 打开 JPG

1. 打开 Mini Bridge 面板。
2. 在 Pic006.JPG 上单击鼠标右键。
3. 选取"打开方式"。
4. 在"打开方式"子菜单中执行 Camera Raw 命令。

不要嫌比比啰嗦，如果不提醒 JPG 打开的程序，保不准同学"嗒嗒"两下，就把 JPG 打开在 Photoshop 的编辑区里，没错吧！

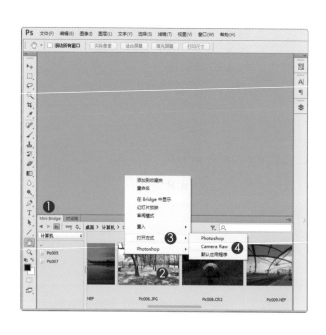

B. 自动曝光处理

1. 单击"基本"按钮。
2. "高光修剪警告"按钮呈现白色，表示有好几个色板同时曝光过度。
3. 单击"自动"微调曝光度、对比度与黑色。

　　还没调整就曝光过度了，比比拍照就是这样，总想着有后期可以帮忙，都不乖乖测光。但如果不这样，哪有照片可以修（偷笑）。

C. JPG无法检测镜头

1. 单击"镜头校正"按钮。
2. 勾选"启用镜头配置文件校正"复选框。
3. 无法自动找出相符镜头。

　　RAW才找得到镜头型号，JPG就弱了。其实杨比比就这么两支镜头，不是超广角、就是18-250mm的旅游镜头，色阶图下方的相机信息也作出了提示，要找到似乎不难。

D. 手动选取镜头

1. 确认在"镜头校正"面板中。
2. 制造商为"Tamron"。
3. 机型……没有18-250mm。
4. 选回默认值吧。

　　手动也找不到适合的镜头，既然如此，那就恢复"设置"为"默认值"，或是取消"启用镜头配置文件校正"的勾选，不玩镜头校正。

E. 那相机色调风格文件咧

1. 单击"相机校准"按钮。
2. 单击"名称"菜单。嚯！什么
   都没有……

　　都不知道要说什么来安慰喜欢拍JPG的同学了（哈哈）。别沮丧，JPG跟Camera Raw不合，但Photoshop可是跟谁都合得来，放轻松一点啦！

F. 改善曝光过度区域

1. 单击"基本"按钮。
2. 单击白色"高光修剪警告"按钮。
3. 编辑区中显示曝光过度区域。
4. 向左拖曳"白色"滑块直到"曝光过度"按钮变为黑色。

　　如果减少"白色"还不够，可以试试向左拖曳"高光"滑块；同时运用"白色"与"高光"两个参数来降低曝光过度范围，只要"曝光过度"按钮呈现黑色就可以了，不用拉得太多。

G. 另存文件

1. 按住"Alt"键并单击"存储图像"按钮能跳过存储图像对话框直接存档。
2. 单击"取消"按钮。
3. Camera Raw调整的结果存放在相同的文件夹内。

　　Camera Raw存储图像对话框的输出设置如果是固定的，可以配合"Alt"键并单击"存储图像"按钮，直接存档，跳过设置比较快一点。

1/320s f/5 ISO 200 Photo by Yangbibi

同步移除多张 JPG 图片上的 日期

适用版本 CC
参考范例素材 \02\Pic007\

　　"照片上每一张都有日期，怎么办？该不会要一张一张修吧？"当然不用，哈哈，JPG虽然不能在 Camera Raw 中检测到相机镜头，但修复，小事喔！

A. JPG默认应用程序是 Photoshop

1. 打开Pic007文件夹。
2. 拖曳选取三份 JPG 文件。
3. 文件上单击鼠标右键。
4. 选取"打开方式"。
5. 在"打开方式"子菜单中执行 "默认应用程序"命令。
6. 在 Photoshop 中打开JPG。

　　一旦我们在 Mini Bridge 中选取两个以上的文件，打开方式的菜单就仅剩两项，没有 Camera Raw 可以选择。

B. 关闭所有文件

1. 在菜单栏中单击"文件"。
2. 在下拉列表中执行"全部关闭"命令，关闭在 Photoshop 中所有的 JPG 文件。

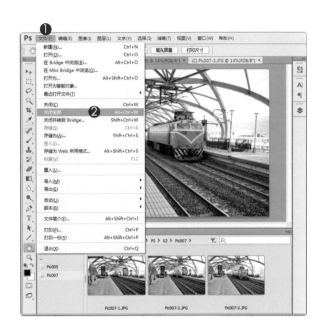

　　Photoshop 是 JPG 的默认应用程序，那怎么办？无解吗？当然有，无解杨比比就不会写出来了（笑），来看看怎么处理。

C. 指定 JPG 打开方式

1. 在菜单栏中单击"编辑"。
2. 在下拉列表中选择"首选项"。
3. 在"首选项"子菜单中执行"Camera Raw"命令。
4. JPEG 处理项目中选取"自动打开所有受支持的 JPEG"。
5. 单击"确定"按钮。

　　Camera Raw 首选项中设置"自动打开所有受支持的 JPEG"表示，JPG 的默认程序由 Photoshop 改为 Camera Raw。

D. 再来一次

1. 打开 Pic007 文件夹。
2. 拖曳选取三份 JPG 文件。
3. 文件上单击鼠标右键选取"打开方式"。
4. 在"打开方式"菜单下执行"默认应用程序"命令。

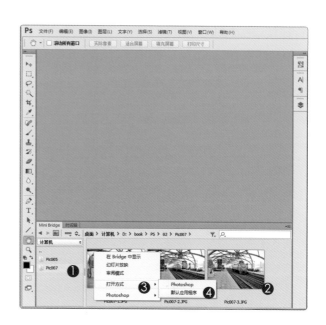

　　除了 JPG 之外，也可以使用相同方式，指定 TIF 的默认应用程序是 Camera Raw。

E. 打开多个 JPG

1. 打开三个 JPG 文件。
2. 调整显示比例拉近图片。
3. 单击"手形工具"图标。
4. 拖曳调整显示范围的左下角。

　　可以逐一单击 Camera Raw 视图左侧的每一张图片，照片左下角相同的位置都出现日期标识，马上来进行修复。

F. 污点去除

1. 单击"污点去除"工具。

2. 指定类型"修复"。

3. 调整笔刷大小为"25"。

4. 移动笔刷到日期上方，拖曳笔
   刷擦拭日期。

5. 拖曳取样区域到适合的位置。

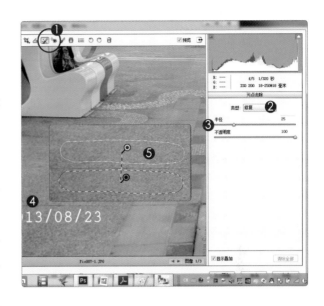

　　带红色手柄的选框区域表示
原始位置，带绿色手柄的选框区
域表示复制区域。试着移动带绿
色手柄选框区域，就会改变遮盖
的效果。特别提醒，CC 版本才
具备污点去除笔刷的涂抹修复功
能，CS6 没有喔！

G. 同步处理多张 JPG

1. 单击"全选"按钮，选取所有
   列出的文件。

2. 单击"同步"按钮。

3. 勾选"污点去除"复选框。

4. 单击"确定"按钮。

　　这几张照片在 Camera Raw
中仅做污点去除的动作，其他的
功能都没有使用到，所以"同步"
上的其他项目都不会套用在照
片中。

H. 检查日期移除效果

1. 单击"污点去除"笔刷。
2. 单击中间的照片缩略图。
3. 显示带红、绿手柄的选框区
   域。

　　如果觉得遮盖效果不理想，
可以拖曳带绿色手柄的选框区域
置，改变填入的区域。完成后请
单击窗口上方的放大镜或手形工
具，就可以结束"污点去除"的
动作。

I. 存储三张JPG

1. 单击"全选"按钮，选择窗口
   左侧所有文件。
2. 按住"Alt"键并单击"存储
   图像"按钮，便能略过对话框
   进行存档。
3. 单击"复位"按钮，结束
   Camera Raw程序。

　　如果没有把握存储图像对话
框里的设置是不是目前需要的，
请直接单击"存储图像"按钮，
进入对话框中进行设置，比较安
全。

J. 修改JPG默认应用程序

1. 在菜单栏中单击"编辑"。
2. 在下拉列表中选择"首选项"
   菜单。
3. 在"首选项"子菜单中执行
   "Camera Raw"命令。
4. 指定JPEG处理方式为"自动
   打开设置的JPEG"。
5. 单击"确定"按钮。

　　"自动打开设置的JPEG"这
句话的意思其实就是"JPEG的
默认应用程序为Photoshop",
必要的时候，可以透过Mini
Bridge在Camera Raw的环境下
打开。报告完毕。

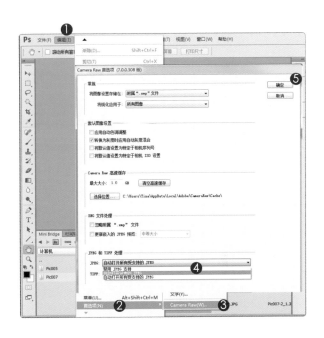

K. JPEG完璧归赵

1. 打开Mini Bridge面板。
2. 双击存储的JPG缩略图。
3. 在编辑区中打开文件。
4. 调整缩放比例，拉近图片。
5. 双击"抓手工具"图标,
   拖曳图片查看左下角。

　　不错吧！别老把Camera
Raw扔一边，觉得这是个挺烦人
的程序，经过这个练习，应该改
观了吧！好东西记得多用。

Camera Raw与
Photoshop版本之间的关系

Photoshop安装完毕，Camera Raw就跟着进来了，不需要另外安装。但是，Photoshop版本与Camera Raw版本序号间的差异，常常造成很多同学的困扰，现在容杨比比整理一下两者之间的对应关系，来看看。

Photoshop CS5

对应Camera Raw 6.X系列的版本。最新版本为6.7。

Photoshop CS6

对应Camera Raw 7.X系列的版本。最新版本为7.4。
同时对应Camera Raw 8.1版本。使用CS6的同学可以搜寻下载。

搜寻关键字"Adobe Camera Raw Download"

Photoshop CC

对应Camera Raw 8.X系列的版本。
对应CC的8.X系列与支持CS6的8.1在内容与工具用法上差异颇大。

Camera Raw不能跨版本执行

这表示，如果同学使用的是Photoshop CS5，即便到Adobe官方网站下载最新的Camera Raw 8.X系列，CS5还是不能用；CS5只能使用Camera Raw 6.X系列的版本，不能跨版本执行。好！报告完毕。

CC 与 CS6
污点去除工具的差异

　　实在不懂 Adobe 怎么弄出两套同样编号但不同功能的 Camera Raw 来混淆视听，这不是找杨比比麻烦吗？CS6 乖乖使用 Camera Raw 7.X 系列就好，搞一个 8.1；CC 版也来个 8.1，两个 8.1 是不同的 8.1。

▼ 支持 CC 版本的 Camera Raw 8.1

▼ 支持 CS6 版本的 Camera Raw 8.1

CC 版本

　　污点去除采用笔刷方式，可以依据笔刷拖曳的范围进行不规则区域的修补，弹性佳、效果好。

CS6 版本

　　污点去除限制范围为圆形，连修补的区域都被圆形卡住，调整上相当受限；因此不适用于前一个范例。

Camera Raw
更接近拍摄当时的曝光量

适用版本 CS6\CC
参考范例素材 \02\Pic009.CR2

喜欢 M 模式的同学一定有经验，明明气氛好、光线佳，可惜自己不争气，忘了调整快门或是 ISO，好好的构图，却毁在自己手上，来看看怎么修改。

A. 打开 RAW 文件

1. 在菜单栏单击"窗口"。
2. 在下拉列表中选择"扩展功能"选项。
3. 在"扩展功能"子菜单中执行"Mini Bridge"命令。
4. 启动 Mini Bridge 面板。
5. 选取文件所在的文件夹。
6. 双击 Pic008.CR2。

　　像杨比比这种经验丰富的人，能了解同学经常忘记面板位置，所以日日提醒、时时说明，让各位想忘都忘不了。

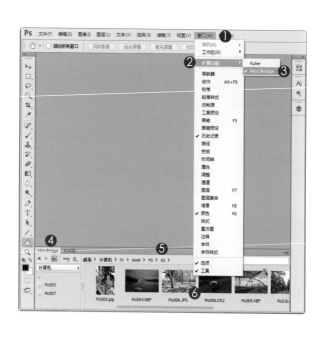

B. 嗯！很暗

1. 打开 Pic008.CR2。
2. 色阶图中几乎没有亮部像素。
3. 所有像素集中在暗色调。

Camera Raw 窗口上方的色阶图，提供一个比较科学化的明暗判断，清楚显示照片中像素集中的范围。同学想想喔，如果没有色阶图，照片的明暗是不是很容易受到屏幕亮度的影响，那就缺乏客观条件咯。

C. 自动手动一起来

1. 单击"基本"按钮。
2. 单击"自动"，
   亮度似乎还不够。
3. 曝光度"+2.35"。
4. "曝光过度"按钮显示红色。

就杨比比目前的屏幕明暗度与色阶图来判断，自动曝光的亮度是不够的，因此我们将曝光度增强到 +2.35，这个亮度不错，但是好像有的地方曝光过度，一起来看看，是哪里曝光过度。

D. 观察曝光过度区域

1. 单击色阶图右上"曝光过度"按钮。
2. 原来是花布上面曝光过度喔。

　　曝光过度区域落在斗笠花布上，其实还好耶，同学觉得如何？在这里就这里吧，反正面积不大。如果同学很坚持，照片上就不能有曝光过度区域，那就继续吧，拉一下滑块就好。

E. 降低白色数值

1. 向左拖曳"白色"滑块。
2. 直到"曝光过度"按钮变黑。
3. 花布上的曝光过度颜色消失。

　　Photoshop CS6 之前的 Camera Raw 称白色为"还原"，它能在现有的曝光度参数设置下，减缓照片中曝光过度状态。

F. 结束编辑

1. 单击"完成"按钮,
   结束Camera Raw的编辑。

　　Camera Raw除了可以将
RAW文件转存为其他格式之外,
也可以透过"完成"按钮,将
Camera Raw程序所有的参数存
储到"XMP"文件中,"XMP"
只存储元数据信息,不会直接改
变RAW文件内容。

G. 查看XMP文件

1. 打开Mini Bridge面板。
2. Pic008.CR2文件上的图示表
   示文件内记录了Camera Raw
   编辑的参数。

　　Mini Bridge中RAW文件的
缩略图是调整过明暗的状态;但
作为系统中的缩略图就不一样
了,它仅能显示RAW原图,旁
边多了一个用来记录Camera
Raw数值的"XMP"文件。

1/3200s f/7.1 ISO 400 Photo by Yangbibi

Camera Raw
更均匀的曝光控制
修正局部偏暗

适用版本 CS6\CC
参考范例素材 \02\Pic010.NEF

有时候天气太好也是问题，光线太强，容易造成室内外反差明显，想要提高内部的亮度，就一定要牺牲天空的鲜艳度与细节吗？一起来看看。

A. 检查 RAW 文件

1. RAW 文件缩略图上已经有修改过的图示。
2. 文件夹内的 RAW 文件也跟着 XMP 文件。
3. 双击 Pic009.NEF。

这表示，RAW 文件曾经在 Camera Raw 中编辑过；只要我们打开这份 RAW 文件，就能看到之前编辑的所有数据。

B. Camera Raw默认值

1. 基本面板中显示之前调整的各项参数。
2. 单击面板右侧"选项"按钮。
3. 在下拉列表中选择Camera Raw默认值，这将面板中所有设定，调整成默认参数。

　　基本面板中的"默认"项目，仅能还原基本面板中的参数，不能恢复其他面板内的设定。因此，我们使用"Camera Raw默认值"功能，一次就好，干干净净，让所有面板中数值全部恢复默认。

C. 这就是原图

1. 白平衡是"原照设置"。
2. 所有的数值全部归零。

　　同学可以试试单击其他面板按钮，检查面板中的数值。好啦！不要这样看我，测光错误，明暗差异很大，下次会改进（认真的）。

D. 不要用自动

1. 向右拖曳"曝光"滑块，提高照片的整体亮度为"+0.5"。
2. 向右拖曳"对比度"滑块，增加一点图像对比值为"+20"。

　　向右拖曳"对比度"滑块时，同样会改变照片的明暗，因此杨比比习惯在曝光度与对比度都到位之后，才开始拉高偏暗区域的亮度。对了，手痒按到"自动"的同学，请直接单击"默认值"按钮还原，自动太亮了，不适用。

E. 提高暗部区域的亮度

1. 向右拖曳"阴影"滑块，提高暗部区域的亮度数值为"+100"。
2. 同时打亮了月台与顶棚。

　　同学可以试着单击关闭窗口上方的"预览"选项关闭目前的调整参数，看看照片的原始状态，对比两者之间的差异。

F. 移除暗角

1. 单击"镜头校正"按钮。

2. 勾选"启用镜头配置文件校正"复选框。

3. 立刻移除照片四周的暗角。

　　拿掉暗角之后，光线会显得更均匀。对了，Camera Raw 窗口中的"预览"各有各的管辖范围，基本面板的预览，只能切换基本面板修改前后的差异；镜头校正面板的预览，显示只有"镜头校正"前后的变化；简单地说，Camera Raw 中的预览，是分开的，并不是一个整体性的预览。

G. 准备收工

1. 看一下"曝光过度"按钮，黑色！非常好。

2. 单击"完成"按钮。

　　将所有修改后的数据记录在"XMP"文件中。现在可以准备收工，休息一下，晚一点再来聊聊曝光过度照片的调整。

Camera Raw
还原曝光过度的
天空细节

适用版本 CS6\CC
参考范例素材 \02\Pic010.NEF

比比知道拍照要先测亮部、再测暗部，接着依据两者之间的测光差异，设定平均曝光值。但是，向来凭感觉拍照的杨比比，摄影时真的很难这么理性。

A. 启动 Mini Bridge

1. 选择菜单栏"文件"。
2. 在下拉列表中单击"在 Mini Bridge 中浏览"。
3. 打开 Mini Bridge 面板。
4. 双击 Pic010.NEF 缩略图。

整理一下，同学可以透过菜单栏"窗口"的"扩展功能"，或是菜单栏"文件"选项打开 Mini Bridge 面板，很方便吧！

B. 天空曝掉了

1. "高光修剪警告"按钮显示为
白色表示有两个以上的色板曝
光过度，单击色阶图"高光修
剪警告"按钮。
2. 中间的天空整个曝掉。

　　就算不启动"高光修剪警
告"监测，也大概猜得出曝光过
度的位置。天空曝光过度也就算
了，两侧的樟树还过暗（低头），
不要再盯着我看了。

C. 白色改善曝光过度

1. 向左拖曳"白色"滑块，应该
要拉到底数值为"-100"。
2. 改善一点，不太多。

　　CS6以前的Camera Raw称
"白色"为"还原"，同样用来
改善曝光过度的区域。使用CS5
或CS4版本的同学，可以试试
"还原"。

D. 再补一枪

1. 向左拖曳"高光"滑块，直到"高光修剪警告"按钮变为黑色。
2. 先不要关闭"高光修剪警告"监测。

　　"高光"数值不是一个定数，同学必须观察色阶图中"高光修剪警告"按钮的色彩与照片上的红色曝光过度区域，是否已经改善，只要减缓改善到可以接受的范围，就停止拖曳。

E. 提高偏暗区域的亮度

1. 向右拖曳"阴影"滑块，数值约为"+50"。
2. 改善樟树林偏暗的状态。
3. 又抛出一些曝光过度区域。

　　基本面板中调整的多是跟明暗有关参数，所以建议同学打开"高光修剪警告"监测，方便观察参数控制的过程中，有哪些区域脱轨曝光过度。

F. 再次移除曝光过度区域

1. 向左拖曳"高光"滑块。

2. 直到"高光修剪警告"按钮变
为黑色。

3. 照片中也没有明显曝光过度
区域。

4. 单击"打开图像"按钮。

　　整理一下结束 Camera Raw
的方式。除了"取消"之外，还
能透过"存储图像"按钮，将
RAW 文件以不同格式保留下
来；或是经由"完成"按钮，将
Camera Raw 的参数记录在 XMP
文件中。"打开图像"功能则是
将 Camera Raw 编辑好的照片，
打开在 Photoshop 的环境中。

G. 进入 Photoshop

1. 在 Photoshop 中打开文件。

2. 文件扩展名还是 NEF。

3. 缩略图上已经显示编辑图标。

　　Camera Raw 程序的处理范
围仅限于照片的明暗、色调与变
形，如果要加入滤镜效果或是文
字，那就得请出 Photoshop 咯！

1/125s f/1.4 ISO 100 Photo by Teddy Wei

整张都太亮
也能拉回来

适用版本 CS6\CC
参考范例素材 \02\Pic011.CR2

拍摄过程不断调整相机参数，就是希望能找出最佳测光值；但是，调整的过程中，难免会有几张（或几十张）不好的作品，就这样放弃它们吗？来看看。

A. 打开 RAW 文件

1. 打开 Mini Bridge 面板。
2. 双击 Pic011.CR2。
3. 启动 Camera Raw 窗口。

同学瞄一下 Camera Raw 窗口右上角的色阶图，高光没有像素、暗调像素也不多，就表示照片光线太平均，缺乏亮点，不突出。

B. 先降曝光度

1. 向左拖曳"曝光"滑块，数值约为"-0.35"。
2. 照片暗了一些。

　　将"曝光"滑块向左拖曳压低数值，可以发现，降低"曝光"值只会让照片变暗，而不会使曝光过度的区域恢复正常。

C. 补上阴影

1. 向左拖曳"阴影"滑块，数值约为"-30"。
2. 增加阴影部分的像素可以增强图像间的对比。

　　同学可以通过勾选Camera Raw窗口上方的"预览"复选框（红圈处），查看调低"曝光"与"阴影"参数前后照片效果的差异。

D. 黑色最给力

1. 向左拖曳"黑色"滑块，数值
   约为"-42"。
2. 增加颜色中的暗调，快速补上
   曝光过度的像素。

　　试着向左或是向右拖曳"黑
色"滑块，并观察编辑区中照片
明暗的改变。不难发现，黑色是
一个对于强调像素明暗浓淡的关
键点。

E. 总是要点吸睛的光线

1. 向右拖曳"对比度"滑块，数
   值约为"+30"。
2. 明暗之间的对比更强烈。

　　杨比比提供的数据不是一个
绝对数值，同学必须依据自己的
照片与拍摄当时的光影进行调
整，才能真正展现自己的摄影
感受。

F. 最后检查

1. 色阶图"高光修剪警告"按钮
   显示黑色，表示照片中没有曝
   光过度区域。
2. 按住"Shift"键并单击"打开
   对象"按钮。

　　按"Shift"键后，"打开图像"
按钮会更名为"打开对象"。

　　以"打开对象"模式进入
Photoshop，照片会以"打开为
智能对象"显示在图层中，并保
有与 Camera Raw 之间的联系。

G. 进入 Photoshop

1. 缩略图上显示表示 Camera
   Raw 修改的数据已经写入
   XMP 文件。
2. 单击"图层"按钮。
3. 打开"图层"面板。
4. 双击图层缩略图立即返回
   Camera Raw。

　　缩略图右下角显示"智能
对象"图示（红圈处），表示目
前的 RAW 文件，仍与 Camera
Raw 程序相关，随时可以回头继
续调整。

▲ 菜单栏"窗口"中能打开"图层"面板

1/8s f/5.6 ISO 1600 Photo by Yangbibi

Camera Raw
自动白平衡

适用版本 CS6\CC
参考范例素材 \02\Pic012.NEF

受到室内光源影响的关系，照片经常容易出现偏黄或是偏蓝的色调；这对于Camera Raw来说，不过是蛋糕一块、小菜一碟，简单得很！

A. 启动 Mini Bridge

1. 打开 Mini Bridge 面板。
2. 双击 Pic012.NEF 缩略图。
3. 打开 Camera Raw 程序。
4. 没有曝光过度，很好。

"喜衣坊"是一间沿着山壁而建的民居，早起给矿工洗衣，杨比比刚从这里度假回来，心情愉快。

B. 自动白平衡

1. 确认在"基本"面板中。
2. 单击"白平衡"菜单。
3. 在下拉列表中单击"自动"。
4. 修正照片偏黄的色调。

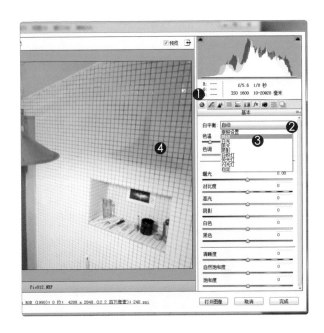

　　"白平衡"菜单里什么都有耶，从"日光"到"闪光灯"，简直就是把相机设置搬到这里来，非常方便吧！来！我们继续。

C. 还可以再白一点

1. 向左拖曳"色温"滑块数值约为"2650"。
2. 照片中的马赛克瓷砖更白咯。

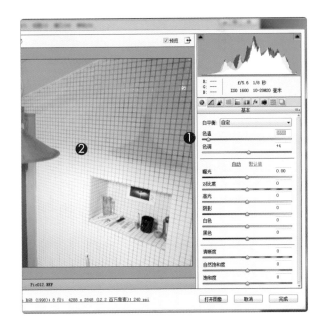

　　由于我们改变了"色温"数值，因此"白平衡"菜单自动调整为"自定"。

D. 还原白平衡默认值

1. 单击"白平衡"下拉菜单中的
   "原照设置"。
2. 还原为默认值。

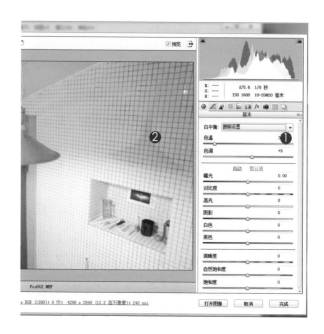

  白平衡设置区域是一块独立
的区域，跟下方的曝光度设置不
同，要还原默认值，请单击"白
平衡"菜单中的"原照设置"。

E. 试试白平衡工具

1. 单击"白平衡"工具。
2. 移动鼠标到白色瓷砖上，单击
   鼠标左键改变色调。
3. 便能自动修改基本菜单中的色
   温与色调数值。

  "白平衡工具该点哪里才能
找出正确的平衡点咧？"同学，
请记得两个逻辑：

  ——找出照片上应该是白色
的区域

  ——但不是最亮也不是最暗
的位置

  这需要一点经验，如果出
错，记得将白平衡选项改为"原
照设置"还原为默认值。

F. 咦！曝光过度了咧

1. 单击"高光修剪警告"按钮。

2. 显示曝光过度区域。

3. 向左拖曳"白色"滑块直到曝光过度区域消失，数值约为"-18"。

4. 按住"Shift"键并单击"打开对象"。

　　将 RAW 文件"打开为智能对象"模式，打开在 Photoshop 中，并保有与 Camera Raw 程序的连接，随时都能回到 Camera Raw 中。

G. 进入 Photoshop

1. 文件缩略图上显示编辑图示，表示 Camera Raw 的信息已经记录在 XMP 文件中。

2. 单击"图层"按钮。

3. 打开"图层"面板。

4. 双击图层缩略图便能回到 Camera Raw。

　　透过这样的方式，同学可以放心地将 RAW 文件转交给 Photoshop，因为我们有随时回到 Camera Raw 的机会，是不是安心多了。

▲ 菜单栏"窗口"中能打开"图层"面板

1/13s f/9 ISO 400 Photo by Teddy Wei

Camera Raw
后期晨昏色温

适用版本 CS6\CC
参考范例素材 \02\Pic013.CR2

　　晨昏间的蓝色调与暖黄，可以借由 Camera Raw 中的白平衡来进行后期制作，这表示我们可以在那短暂的几十分钟内，争取更多的拍摄机会与构图时间。

A. 打开 RAW 文件

1. 打开 Mini Bridge 面板。
2. 双击 Pic013.CR2 缩略图。
3. 打开 Camera Raw 程序。
4. 还是得看一下"高光修剪警告"按钮，黑色，很好！

　　色阶图内高亮像素虽然不多，但就目前的场景与气氛来说，刚刚好；温暖柔和的光线，搭配剪影，好看极了。没高亮也无所谓咯！

B. 调整白平衡

1. 在"白平衡"菜单中选择"阴影"。
2. 色温与色调略微改变。
3. 同时也调整照片上的颜色。

　　单击"白平衡"菜单后，同学可以运用键盘上的方向键，改变菜单内容，非常方便哦！

C. 再改一下白平衡

1. 在"白平衡"下拉菜单中选择"荧光灯"。
2. 非常漂亮的蓝调。

　　除了"白平衡"菜单之外，也可以直接修改"基本"面板中的"色温"与"色调"数值。

D. 拉近照片查看细节

1. 单击显示比例菜单，显示比例为33.3%。
2. 单击"抓手工具"图标。
3. 拖曳照片查看天空的各部分细节。

就是担心色温与色调数值拉得太高，造成影像中的色彩裂化，所以拉近照片，透过显示比例工具，观察天空的色彩。

E. 可以让色彩更浓郁一些

1. 拖曳"自然饱和度"滑块，数值大约为"+55"。
2. 增加色彩饱和度。
3. 按住"Shift"键并单击"打开对象"按钮。

"自然饱和度"能温和地提高或是降低照片的色彩饱和度。地面剪影的部分几乎是黑色，因此不会受"自然饱和度"拉高的影响。

F. 进入 Photoshop

1. 缩略图上显示编辑图示。
2. 单击"图层"按钮。
3. 打开"图层"面板。
4. 双击 RAW 缩略图。

　　假设我们已经在 Photoshop 中做某些程度的调整，才发现色调不对，那可以立即双击缩略图，回到 Camera Raw 程序中修改参数。

▲ 菜单栏"窗口"中能打开"图层"面板

G. Camera Raw

1. 向右拖曳"色调"滑块，数值大约是"+80"。
2. 天空瞬间呈现紫红色。
3. 单击"确定"按钮能再回到 Photoshop。

　　同学也可以单击 Camera Raw 窗口左下角的"存储图像"按钮，将目前的调整状态以 JPG 或是 TIF 的格式保留下来。

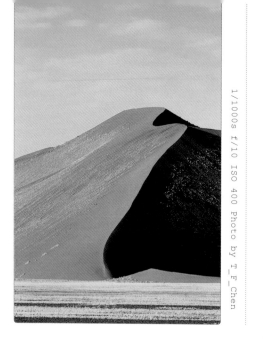

1/1000s f/10 ISO 400 Photo by T_F_Chen

Camera Raw
改变JPG色调

适用版本CS6\CC
参考范例素材 \02\Pic014.JPG

Camera Raw是RAW文件的专用程序，能分一杯羹给JPG就算不错了，实在不好开口要求太多。来看看JPG在Camera Raw中色调与白平衡控制。

A. 打开JPG

1. 打开Mini Bridge面板。

2. Pic014.JPG上单击鼠标右键。

3. 选取"打开方式"。

4. 执行"Camera Raw"命令。

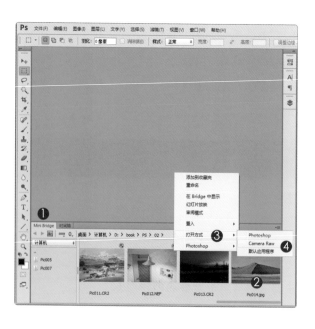

JPG的默认程序为Photoshop，如果要打开在Camera Raw窗口中，需要多这一道程序，同学应该还记得吧！

B. 启动 Camera Raw

1. 打开 Pic014.JPG。
2. 先看"高光修剪警告"按钮，黑色！很好！没有曝光过度。
3. 单击"白平衡"菜单，选取"自动"。

　　就说 JPG 在 Camera Raw 修改的幅度与弹性都低于 RAW 吧！看看，这回连"白平衡"菜单都缩水了，只有三项！省着用吧！

C. 手动改变色温

1. 向右拖曳"色温"滑块，数值约为"+40"。
2. 照片呈现偏黄的暖调。

　　除了"白平衡"下拉菜单缩水之外，连色温的控制数值都与 RAW 文件不同，调整的范围在 ±100 之间，与实际上的测量色温的 K 数不同。

D. 调整天空的蓝色

1. 单击"HSL/灰度"按钮。
2. 单击"色相"选项卡。
3. 向右拖曳"蓝色"滑块，数值约为"+22"。
4. 天空的青蓝转为正蓝。

　　HSL/灰度面板中提供"色相""饱和度"与"明亮度"调整，能指定颜色改变色相，并提高色彩饱和度与明亮度。

E. 提高蓝色饱和度

1. 位于"HSL/灰度"面板中。
2. 单击"饱和度"选项卡。
3. 向右拖曳"蓝色"滑块，数值约为"+100"。
4. 蓝色比较饱和却也出现杂点。

　　为了方便杨比比写书，姐夫特别将自己的作品放置在网络上，提供杨比比下载，但碍于平台限制，照片不如原始文件清晰，这一点得请同学多多体谅。谢谢大家！

F. 移除彩色杂色

1. 单击"细节"面板。
2. 向右拖曳"颜色"滑块，同时观察天空杂色状态，数值约为"30"。
3. 按住"Alt"键并单击"打开拷贝"按钮。

　　照片上的杂色分为两种，属于"高光"的灰色杂色，以及隶属"颜色"的彩色杂色。目前只要稍稍降低"颜色"杂色的量，就能改善天空杂点漫布的情况。调整时要记得放大照片，观察天空，数值不要拉太多，免得模糊了照片中的各项细节。

G. 进入 Photoshop

1. 将 Camera Raw 编辑的结果复制到 Photoshop 中。
2. 数值不会记录下来，所以缩略图上没有编辑图示。

　　建议喜欢拍摄 JPG 的同学，先将 JPG 打开在 Camera Raw 中，运用当中高光且细致的处理工具进行修片，再将最后的结果备份到 Photoshop 内，进行其他的调整。

重新体验 Camera Raw
明暗控制、曝光调整

　　就这样结束 Camera Raw 的明暗控制、曝光调整，比比不太放心；出门拍照本来就已经晨昏颠倒，回家还要修片，哪有空一页页地重复观看，所以杨比比将前几页的功能整理下来，提供同学们快速浏览，贴心吧！

1 自动调整三重奏
自动曝光

2 自动调整三重奏
校正变形与暗角

3 自动调整三重奏
转换照片色调

整体偏暗
拉高曝光度

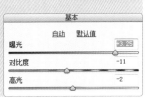

出现曝光过度区域
调降白色、高光

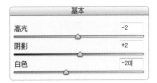

曝光过度照片
降低黑色拉回曝光

局部偏暗
提高阴影亮度

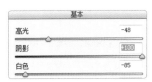

必须背下来的
Camera Raw 快捷键

Photoshop的快捷键，是出了名的多，从不要求同学要全部记住，顶多五六组，最多不超过十组。Camera Raw也是，千万别小看它，它的快捷键哦……啧！啧！也不是弱者，加加减减几十组跑不掉，但这三组一定要记下来。

"F" 切换为全屏幕

应该发现了，Camera Raw程序没有一般窗口控制缩小、放大的按钮，因此杨比比建议同学，记下快捷键 "F"，能迅速调整Camera Raw为全屏幕，当然也可以直接单击窗口上方工具列右侧的全屏幕按钮（上图红圈处）。

"Ctrl+Z" 回到上一个步骤

Camera Raw中没有 "步骤记录"，要恢复动作，只有快捷键，但是快捷键 "Ctrl+Z"，仅能在目前的指令与上一个指令间来回切换，不能再往后退。以右图为例，执行 "饱和度" 之后，按下快捷键 "Ctrl+Z"，能回到 "锐度" 执行后的状态，再次按下快捷键 "Ctrl+Z"，则会返回 "饱和度"。

快捷键 "Ctrl+Z" 只能在两个指令间来回切换。

黑色
阴影
锐利度
饱和度

"Alt+Ctrl+Z" 正统的还原快捷键

是的！快捷键 "Alt+Ctrl+Z" 提供的就是我们所习惯的还原程序，每按一次快捷键 "Alt+Ctrl+Z" 就能退回上一个步骤。以右图为例，按三次快捷键 "Alt+Ctrl+Z" 便能退回到 "黑色" 指令执行后的状态。

快捷键 "Alt+Ctrl+Z" 提供传统的还原功能。

黑色
阴影
锐利度
饱和度

快速还原
Camera Raw 的默认值

改变 Camera Raw 中的数值之后，试着双击滑块上的三角形按钮，便能快速还原默认值。不用重新输入"0"或是将控制按钮拉回原位。

Camera Raw 与
Photoshop 共用的快捷键

以下列出的快捷键，就当是参考资料吧，不见得要全部背下来，其实也没有几组，再加上这是 Camera Raw 与 Photoshop 共用的快捷键，背下来反而省事，Camera Raw 与 Photoshop 都能用耶，多方便。

功能与指令名称	Windows	Mac OS
缩放显示工具	Z	Z
抓手工具	H	H
放大显示	Ctrl＋＋（加号）	Command＋＋（加号）
缩小显示	Ctrl＋－（减号）	Command＋－（减号）
全图显示	Ctrl＋0（数字）	Command＋0（数字）
快速切换抓手工具	Space（空白键）	Space（空白键）
启动偏好设置	Ctrl＋K	Command＋K

第3章
Chapter
重现摄影魔幻时刻

1/320s f/9 ISO 100 Photo by Teddy Wei

Camera Raw
细腻地
提高饱和度

适用版本 CS6\CC
参考范例素材 \03\Pic001.CR2

照片黑乎乎的怎么调整饱和度？总得把光线与变形都矫正完毕，才能进行美化作业吧！所以，我们得先复习之前的课程内容，完成基本修片三重奏，再来拉高照片色彩的饱和度（或是鲜艳度）。不错吧，杨比比最会安排课程咯！

A. 打开范例文件

1. 打开 Pic001.CR2
2. 查看"高光修剪警告"按钮。
   黑色！表示没有曝光过度。

经过上一个章节的练习，相信各位已经了解如何将RAW与JPG格式在 Camera Raw窗口中打开，所以这个章节，杨比比就不唠叨咯……还是再讲一下比较放心，记得由Mini Bridge面板中双击RAW文件缩略图，进入Camera Raw窗口。真的不讲了。

B. 第一招：自动曝光

1. 单击"基本"按钮。
2. 单击"自动"，自动调整照片曝光度。
3. 杉木林之间还是太暗，向右拖曳"阴影"滑块，提高阴影区域的亮度数值约为"+80"

　　如果"自动"的曝光状态不理想，请单击旁边的"默认值"，还原所有的曝光参数回默认值，或是手动调整部分的曝光数值。

C. 第二招：校正变形与暗角

1. 单击"镜头校正"按钮。
2. 勾选"启用镜头配置文件校正"复选框。
3. 自动检测到镜头的信息。

　　如果觉得镜头自动校正的幅度不够，可以手动拖曳"镜头校正"面板下方的"扭曲度"滑块，或是调整"晕影"滑块，改善照片的暗角。

D. 第三招：改变照片色调

1. 单击"相机校准"按钮。
2. 指定相机配置文件为Camera Landscape。

　　由于相机不介入 RAW 格式的色调与清晰控制，因此给了我们更大的修调空间。目前的配置文件（也称作风格文件）可以自由选择，或是透过下方的色调与色相控制滑块，进行照片的色彩微调，同学可以试试。

E. 第四招：温和地提高照片色彩的鲜艳度

1. 单击"基本"按钮。
2. 向右拖曳"自然饱和度"滑块，拉高照片色彩的鲜艳度数值约为"+50"。

　　在 Camera Raw 中使用快捷键"Ctrl+Z"能在调整前后间切换；试着多按几次快捷键"Ctrl+Z"，查看"自然饱和度"拉高后照片的色彩差异。

F. 好像曝光过度咯

1. "高光修剪警告"按钮显示蓝色表示照片中蓝色色板曝光过度。单击"高光修剪警告"按钮。
2. 天空整个都曝掉了。

　　Camera Raw面板中几乎所有的参数都会影响明暗与曝光度，因此，曝光过度监测通常留到最后，不要急着改善。

G. 改善曝光过度区域

1. 向左拖曳"白色"滑块减少曝光区域，数值约为"-100"。
2. 如果还有明显的曝光过度区域，向左拖曳"高光"滑块，直到"高光修剪警告"按钮变黑，数值约为"-68"。

　　最后，同学可以考虑单击"完成"，将所有的调整记录在XMP文件内，或是单击窗口左下角的"存储图像"，将RAW文件以其他格式保留下来。

自然饱和度VS饱和度——
风景照对比

　　基本面板中的"自然饱和度"与"饱和度"参数，都是用来提高或是降低照片色彩饱和度，但有些小地方不太一样，现在让我们透过摄影大师"亚乐"的作品，来看看"自然饱和度"与"饱和度"在相同数值下的差异性。

　　透过三张色阶图，同学可以发现，相同的数值下"饱和度"色阶曲度与原图差异最大，而且原图没有曝的暗部，拉高饱和度之后，暗部都曝。

自然饱和度 VS 饱和度——
人物照比对

由于"自然饱和度"能适度地保护肤色,因此常用于提高人像照片色彩鲜艳度,借以稳定肤色,不受饱和度拉高的影响。现在让我们借由隋淑萍(杨比比的好朋友)的作品,来看看"自然饱和度"与"饱和度"在人像上的差异。

原图

+50 自然饱和度

+50 饱和度

差太大了吧!饱和度不太适合运用在人像照片中。由于"自然饱和度"会"HOLD"住肤色与其相关色彩,表示在没有人像的照片上,还是得适度使用"饱和度"。

晨昏照片（一）
平衡高反差

适用版本 CS6\CC
参考范例素材\03\Pic002.CR2

　　这个章节应该看不到杨比比的作品吧（低头），没有一张能拿得出手的晨昏作品，什么？后面有同学想看哦，好吧！就一张，下一个范例就用比比的照片（叹气）。看看人家泰迪熊大师拍得多好，那耀光，那星芒，真厉害。

A. 打开范例文件

1. 打开 Pic002.CR2。
2. 检查"高光修剪警告"按钮，白色！两个以上的色板曝光过度。

　　反差这么大的照片，不建议使用"自动"曝光模式；可以试着单击"自动"，保证下一个动作，就是单击"默认值"，不要笑啦！真的，不然同学试试。

102

B. 启动渐变滤镜

1. 单击"渐变滤镜"按钮。
2. 显示"渐变滤镜"面板。
3. 向左拖曳"色温"滑块，数值
   约为"-40"，偏蓝。
4. 拖曳拉出红绿两点旋转渐变方
   向，使红点位于天地交界处。

　　红点是参数的停止点，绿点
则是参数的起始点。同学可以运
用这个特质，控制渐变滤镜的
位置，借以调整反差极大的晨
昏照。

C. 加入渐变效果

1. 向左拖曳"色温"滑块，数值
   约为"-50"，偏蓝。
2. 向左拖曳"曝光"滑块数值约
   为"-1.5"，偏暗。

　　如何，天空特别蓝吧，就像
加了偏光镜一样，好美喔！比比
拍照不行，但对于色彩与修片的
明暗度把握一流，同学有没有照
片要修呀。

D. 提高阴暗区域的亮度

1. 单击"缩放工具"或按下快捷键"Z"。
2. 就能回到"基本"面板。
3. 向右拖曳"阴影"滑块，略微提高阴暗区域的亮度，数值约为"+30"。

我们屏幕明暗色调都不一样，所以比比提供的数值并不是绝对值，同学可以依据自己的喜好，并观察色阶图，进行数值调整。

E. 回到渐变滤镜

1. 单击"渐变滤镜"按钮。
2. 显示"渐变滤镜"面板。
3. 渐变控制点显示白色，单击白色渐变控制点。

渐变滤镜的默认模式为"新建"（红框处），如果同学需要调整之前的渐变设置，请单击编辑区中的白色渐变控制点。

F. 编辑渐变

1. 渐变控制点还原红绿亮色。

2. 面板上也显示"编辑"。

3. 移动鼠标到绿色线上，拖曳绿色线改变渐变范围。

4. 单击"显示叠加"复选框，能关闭编辑区中的渐变线。

　　红绿渐变线的确会阻挡我们查看照片的视线；同学可以试着取消"显示叠加"复选框的勾选，暂时隐藏编辑区中的渐变线。

G. 减少杂色

1. 向左拖曳"曝光"滑块，数值约为"-1.85"，偏暗。

2. 调整视图比例为"50%"。

3. 天空看起来有杂色。

4. 向左拖曳"减少杂色"滑块，数值约为"-26"。

　　"图上的数字太小，老花眼看不清楚，可以麻烦您将数值打出来吗？"有什么问题，比比人这么好，这样慈祥（噗）。这就是杨比比要把数值写出来的主要原因。

1/3s f/16 ISO 100 Photo by Yangbibi

晨昏照片（二）
明暗分区调整

适用版本 CS6\CC
参考范例素材\03\Pic003.NEF

　　杨比比行走江湖永远是副厂旅游镜＋广角镜，能省就省（大妈心态），简单利落，出门不需长短枪带一堆，多方便；拍出来的画质当然不如"镜皇"来得纯净，同学要多多包涵。来看修片的程序吧，别谈拍照了（笑）。

A. 打开范例文件

1. 打开 Pic003.NEF。

2. 检查"高光修剪警告"按钮，黑色！高光没有严重曝光过度。

3. 向右拖曳"阴影"滑块，将照片中偏暗的区域打亮，数值约为"+68"。

　　晨昏是光线最难控制的时间点，如果不摇黑卡（比比不摇……是不会摇）很容易出现局部偏暗的区域，同学可以善用"阴影"提高暗部的亮度，好咯！我们继续。

B. 启动渐变滤镜

1. 单击"渐变滤镜"按钮。

2. 显示"渐变滤镜"面板。

3. 拖曳拉出渐变范围，确认红色
   点在下绿色点在上，并适度拉
   开距离。

4. 色温设置为"-39"，偏蓝。

5. 色调设置为"+82"，偏紫。

6. 曝光设置为"-0.8"，偏暗。

7. 双击其余参数滑块控制点，使
   数值归零回到默认值。

C. 再新建一组渐变

1. 位于"渐变面板"。

2. 单击"新建"选项。

3. 前一组渐变以白色显示。

　　　渐变可以删除吗？当然。同
学可以单击编辑区中的渐变控
制，当控制点显示为红绿两色
时，按键盘上的"Delete"键就
能移除咯！

D. 渐变调色范围在左下角

1. 拖曳拉出渐变范围，确认渐变
   起始点绿色在下，结束点红色
   在上。
2. 渐变色调会延续前一组设定，
   先不管它。

　　对，先不管目前的参数设
定，等渐变范围拉出来之后，再
进行色调或曝光度的调整。

E. 调整偏暗区域

1. 确认选取左下角的渐变。
2. 模式为"编辑"。
3. 色温设置为"+20"，偏暖。
4. 曝光设置为"+0.35"，拉高亮
   度。

　　同学可以随时拖曳调整渐变
范围，借以改变渐变控制的区
域。请以鼠标单击白色渐变控制
点，便能修改照片上的另一组渐
变设定。

F. 隐藏渐变线

1. 取消 "显示叠加" 复选框的
   勾选。
2. 隐藏编辑区中的渐变线。

　　现在好多了吧！隐藏渐变控
制线后，画面变得清爽多了，杨
比比夜景拍得烂，也看得更清楚
咯！唉！晨昏是比比的短板。

G. 清除渐变控制线

1. 单击 "清除全部" 按钮，能移
   除照片上的所有渐变线。
2. 如果后悔，请按快捷键
   "Ctrl+Z" 还原。

　　Camera Raw窗口中的快捷
键 "Ctrl+Z" 仅能在最后两个指
令间来回切换；如果同学需要不
断地往后倒退指令，请按下快捷
键 "Alt+Ctrl+Z"。

1/60s f/10 ISO 100 Photo by Teddy Wei

晨昏照片（三）
精准拉高
指定区域的亮度

适用版本 CS6/CC
参考范例素材 \03\Pic004.CR2

　　渐变滤镜的范围比较难控制，连着两个练习，相信同学们都看得出来，渐变滤镜一拉就是一大片，很容易遮住其他区域，太缺乏弹性；不用担心，除了渐变滤镜之外，还有适合小范围、小面积的"调整画笔"，来看看做法。

A. 直接上渐变滤镜

1. 打开 Pic004.CR2。
2. 单击"渐变滤镜"按钮。
3. 色温设置为"-30"，偏蓝。
4. 曝光设置为"-1.00"，偏暗。
5. 拖曳拉出渐变范围，起始点绿色在上，结束点红色在下。

　　渐变范围拉出来之后，还可以调整"渐变滤镜"面板中的各项数值。曝光度其实还可以再降一些，天空会更蓝，同学试试。

B. 查看山顶

1. 调整显示比例"50%"。
2. 目前还是在"渐变滤镜"中。
3. 按着空格键不放，鼠标指针变
   为手形工具，拖曳照片到山顶
   的位置。

　　原本应该是黄绿的山顶却落
在渐变的偏蓝色调中，明显跑
色。修片就是不能让人看出手脚，
来！一起来试试"调整画笔"。

C. 打开调整画笔

1. 单击"调整画笔"按钮。
2. 调整画笔面板不陌生吧。
3. 目前在"新建"模式下。
4. 维持之前渐变滤镜的数值。

　　调整画笔与渐变滤镜共用参
数组合，不仅共用还能延续设
置，这种延续性不知道是好还是
不好，太多参数要调整，总觉得
有点烦。

D. 调整山头的曝光

1. 曝光设置为"+1.00",偏亮。
2. 画笔大小设置为"7"。
3. 羽化设置为"100"画笔边缘柔化。
4. 移动画笔到山头上,拖曳画笔擦拭山头,显示调整范围的插针。

　　右图中显示的黑色圆圈为画笔大小（目前设置为"7"），黑白相间的圆圈为羽化范围（目前设置为"100"）。运用小尺寸的画笔能更精准地刷出需要调整的区域。

E. 查看调整范围

1. 模式为"添加",照片上继续拖曳画笔,能增加调整范围。
2. 移动鼠标指针到插针上,以半透明白色表示作用范围,移开指针作用范围就消失。

　　这是一个相当贴心的想法,Camera Raw不像图层遮色片,有个明显的区域可以了解作用范围,Adobe算体贴了。

F. 调整参数

1. 确认在"调整画笔"面板下。

2. 单击作用插针。

3. 色温设置为"+22"，偏暖。

4. 色调设置为"-16"，偏绿。

5. 曝光设置为"+0.2"，微微偏亮。

　　不错吧，既不会太亮，也摆脱了渐变滤镜带来的偏蓝，真是好东西，杨比比最喜欢的工具（是最喜欢哦……不是之一）。

G. 擦除多余范围

1. 确认在"调整画笔"面板中。

2. 单击插针指定作用范围。

3. 单击"擦除"项目。

4. 擦拭画笔大小"7"。

5. 羽化设置为"100"画笔边缘柔化。

6. 拖曳画笔擦拭山头边缘与下方的杉树林。

　　杨比比特别把擦拭后的范围显示在图上，同学们应该能清楚看到杉树林上凹了一块，就是比比擦掉的。不错吧！调整画笔超赞的。

1/2.5s f/22 ISO 100 Photo by Teddy Wei

晨昏照片（四）
过曝的天空
可以叠图

适用版本 CS6\CC
参考范例素材 \03\Pic005.CR2

　　知道晨昏难拍（握紧双手），那短短的几十分钟，光线变化量极大，实在很难找到平衡点；如果手上的照片像范例一样，天空亮到什么细节都没有，拉也拉不回来，那就叠图吧，一点都不复杂，我们来看看。

A. 打开范例文件

1. 打开 Pic005.CR2。

2. "高光修剪警告"按钮显示白色，
   表示有多个色板同时曝光过度，
   不用特别检查就是天空咯。

3. 按住"Shift"键并单击"打开
   对象"按钮。

　　范例 RAW 文件以智能对象模式在 Photoshop 中打开，能维持 RAW 文件与 Camera Raw 程序之间的连接，方便我们随时返回 Camera Raw 中进行编辑。

B. 进入 Photoshop

1. Pic005.CR2显示编辑图示。
2. 单击"图层"按钮。
3. 打开"图层"面板。
4. RAW文件为智能对象图层。

　　除了图层缩略图右下角的小
图示之外，同学还可以透过文件
标题名称看出目前的图层是智能
对象（红框处）。

C. 置入天空图片

1. 打开Mini Bridge面板。
2. 拖曳Pic005_Sky.JPG缩略图
　到编辑区中。
3. 新增图层。
4. 指定图层混合模式为"变暗"。
5. 天空便会与山顶融合在一起。

　　图层就像是叠在一起的照
片，上下彼此遮盖；但数码影像
就是比实际状态有弹性，除了上
下堆叠之外，还能指定方式进行
混合。同学先别在意这些混合模
式计算的方式，杨比比会在后续
的练习中慢慢跟大家聊。

D. 调整天空显示范围

1. 单击启动"保持长宽比"功能。
2. 拖曳控制点调整天空范围。
3. 移动鼠标到控制点外侧，拖曳控制框旋转天空。
4. 单击"√"按钮结束变形调整。

　　除了蓝天白云之外，同学也要抓紧适合的光线，多拍些晨昏美妙的天空色调，碰到天空曝光过度的照片，就能派上用场咯！

E. 查看混合状态

1. 显示比例设置为"30%"左右。
2. 单击"抓手工具"图标，拖曳找到天空交界处。
3. 确认选取天空图层。
4. 单击"添加图层蒙版"按钮，建立白色透明蒙版。

F. 建立蒙版区域

1. 单击"画笔工具"图标。

2. 确认前景色"黑色"。

3. 单击工具属性栏中的笔尖图示。

4. 选单中调整画笔尺寸。

5. 硬度设置为"0%"，边缘模糊。

6. 不透明度设置为"50%"。

7. 拖曳画笔遮盖部分天空。

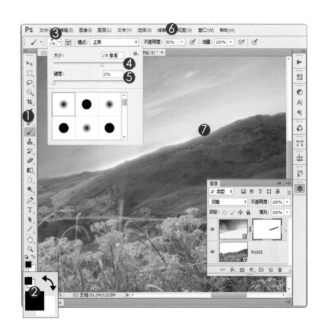

　　混合模式"变暗"会对比上下图层，暗的像素保留、亮的隐藏。因此难免有些混合上的失误，必须运用蒙版移除。

G. 天空还可以再调整

1. 拉远查看范围，能有比较多的编辑空间。

2. 单击图层上的天空缩略图。

3. 在菜单栏单击"编辑"。

4. 执行"自由变换"指令。看！变形控制框又出现咯。

5. 移入变形控制框，拖曳鼠标能调整天空的位置。

6. 移动指标到控制框外侧，拖曳调整旋转角度。

7. 单击"√"按钮结束变形控制。

H. 重新编辑 RAW

1. 双击图层 RAW 缩略图。
2. 重新启动 Camera Raw。看！
   又回来了。

现在知道"打开对象"的好
处了吧，同学想修改 RAW 文件设
定，随时都可以回到 Camera Raw
程序中，重复编辑，非常方便。

I. 图片似乎要暗一点

1. 单击"渐变滤镜"按钮。
2. 色温设置为"+22"，偏暖。
3. 色调设置为"-16"，偏绿。
4. 如图拖曳拉出渐变范围，起始
   点绿色在下，结束点红色在上。
5. 曝光设置为"-0.85"，偏暗。
6. 饱和度设置为"+7"，稍稍饱
   和一点。单击"确定"按钮。

可以在渐变范围建立之前设
定数值，也可以在渐变范围完成
之后调整。

118

J. 又回到Photoshop

1. 光线看起来比较一致。
2. 天空图层名称上单击鼠标右键。
3. 执行"编辑内容"。
4. 打开 Pic005_Sky.JPG。

　　原谅杨比比先跳过天空编辑
这个阶段，因为本书还没有正式
谈到如何在Photoshop中进行图
片编辑，但是，同学们却可以经
由这样的过程了解，RAW文件
与置入的天空都可以反复编辑，
是不是很有安全感。

K. 试试存档

1. 单击标题回到原来的文件。
2. 在菜单栏中单击"文件"。
3. 在下拉列表中执行"存储为"。
4. 在弹出的对话框中输入文件
　 名称。
5. 存档类型"TIF"。
6. 确认勾选"图层"复选框。
7. 单击"保存"按钮。

　　建议同学们存两份文件，一
份TIF（或PSD）保留图层，方
便我们反复编辑。另一份当然
是JPG咯，得分享到朋友圈去收
"赞"吧！

晨昏照片（五）
保护万丈光芒
不过曝

适用版本 CS6\CC
参考范例素材\03\Pic006.CR2

支持 Adobe CC 版本的 Camera Raw 8.1 新增了"径向滤镜"，以图形范围进行区域色调与曝光控制，与"渐变滤镜"及"调整画笔"共用同一组参数设置，但是（重点来了）只有 Photoshop CC 版本能够使用，伤心吧！

A. 打开范例文件

1. 打开 Pic006.CR2。
2. "高光修剪警告"按钮显示黄色，表示有黄色板曝光过度，应该就是太阳咯。

先不急着调整曝光过度与照片中其他偏暗的区域，让我们直捣黄龙，看看新增的"径向滤镜"能完成哪些调整。注意，要 CC 版本才能执行哦（又伤一次同学的心）。

B. 进入 Photoshop

1. 单击"径向滤镜"按钮。
2. 显示"径向滤镜"面板。
3. 曝光度设置为"+1.00",偏亮。
4. 移动鼠标到太阳上,拖曳拉出圆形范围。

　　圆形范围以外的区域曝光度全部+1,圆形范围以内的区域维持摄影默认值;如何,很妙吧!还有更棒的,来看看。

C. 指定作用区域

1. 拖曳圆形边界控制调整范围。
2. 效果"外部"。

　　超赞的吧!我们可以指定径向滤镜作用的区域是在圆形内部,还是圆形外侧。对了!提醒同学可以单击面板中的"新建"(红圈处),再增加一个径向滤镜的控制区域。

D. 提高偏暗区域的亮度

1. 单击径向滤镜的范围。
2. 目前为"编辑"状态。
3. 阴影设置为"+45"，提高偏暗
   区域亮度。
4. 饱和度设置为"+12"，增加色
   彩的鲜艳度。

目前的照片呈现双色温的状
态，如果同学想加强天空的蓝色
调，或是地面的暖色调，请使用
"渐变滤镜"分区调整。

E. 检查曝光过度范围

1. 单击放大镜按钮。
2. 回到"基本"面板。
3. 单击"高光修剪警告"按钮。
4. 曝光过度区域当然在太阳的
   位置。

比比的照片都没有这么多星
芒耶，即便拍出星芒，也不太锐
利，光圈已经缩了，效果还是不
理想，是旅游镜太差了吗？

F. 修复曝光过度区域

1. 确认在"基本"面板中。
2. 白色设置为"-100"降到最低。
3. 向左拖曳高光滑块。
4. 直到"高光修剪警告"按钮变
   黑即可。再次单击"高光修剪
   警告"按钮，关闭曝光过度
   监测。

　　太阳上还有一点点红色的曝
光过度警示，不要紧，只要"高
光修剪警告"按钮恢复黑色就可
以咯！

G. 准备一份文件分享到朋友圈

1. 单击"存储图像"按钮。
2. 单击"选择文件夹"指定存档
   路径。
3. 扩展名"JPG"。
4. 品质设置为"8"。
5. 单击"存储"按钮。

　　放在朋友圈上的JPG格式，
压缩品质不要低于"8（高）"，
否则容易产生肉眼能看出的色彩
裂化，这一点要小心。

1/8s f/9 ISO 400 Photo by Teddy Wei

晨昏照片（六）
HDR高动态
叠图处理

适用版本 CS6\CC
参考范例素材 \03\Pic007.CR2

Camera Raw能叠图吗？RAW文件一定要转成JPG才能HDR吗？比比很不喜欢讲HDR（真心话）效果太差，不及我们在Camera Raw中使用渐变滤镜。对了！问题还没回答：Camera Raw不能叠图；RAW文件可以直接HDR。

A. 启动HDR Pro

1. 打开Mini Bridge。
2. 拖曳选取范例文件
   Pic007_1~Pic007_3.CR2，
   共三份RAW文件。
3. 缩略图上单击鼠标右键。
4. 在列表中选取"Photoshop"。
5. 在"Photoshop"子菜单中执
   行"合并到HDR Pro"。

只要透过Mini Bridge面板，RAW文件就可以直接进行HDR或是批次处理等动作，非常方便、直接，同学可以多多运用。

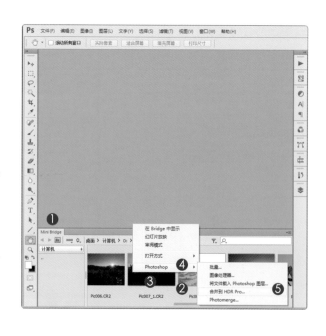

B. 打开 HDR Pro

1. 需要叠加的文件在这里。
2. 选择预设为"默认"。
3. 编辑区显示默认合并的效果。

　　老实说，有点可怕。杨比比现在只想着打亮地面偏暗的区域……那天空的云彩是怎么回事，居然有这么明显的色块。

C. 移去重影

1. 勾选"移去重影"复选框。
2. 试着单击第一张。
3. 单击第二张。
4. 单击第三张。

　　以第三张照片为主进行"移去重影"的合并效果最好，云彩的结合间也少了一些凝结的色块区域。提醒同学，需要三张以上的图片，才能启动"移去重影"，两张不行哦！

D. 更改预设集

1. 选择预设为"城市暮光"。
2. 自动取消勾选"移去重影"复选框。
3. 自动调整窗口中的所有参数。

　　选取"预设集"中任何一个项目后，同学可以试着使用键盘的上下方向键，修改预设集的选项内容，很方便，同学试试。

E. 继续修改预设集

1. 选择预设为"更加饱和"。
2. 自动修改窗口中的参数。
3. 合成出一种超现实效果。

　　朝着抽象的角度思考"合并到 HDR Pro"可以营造出某些特殊且超现实的合成效果；比比的好朋友"月历金"就挺喜爱这样的效果。

F. 加强一下

1. 预设默认为"更加饱和"。
2. 勾选"移去重影"复选框。
3. 单击第三张照片。
4. 云彩非常鲜艳美丽。
5. 单击"确定"按钮。

　　仔细看才知道，原来三张照片 EV 值差异这么大；杨比比从未下这么重的手，加减 EV 都在 1 之间，下次可以试试拉大 EV 间距。

G. 回到 Photoshop

1. 缩略图上没有任何编辑图示，根本没进 Camera Raw。
2. 单击"图层"按钮。
3. 打开"图层"面板。
4. 合并到"背景"图层。

　　存回 RAW 文件是不可能的，但是可以试着存为不压缩的 TIF 格式；若是要放在朋友圈上，记得存为 JPG 格式，压缩品质不要低于"8"。

▲ 菜单栏"窗口"中能打开"图层"面板

1/8s f/9 ISO 400 Photo by Teddy Wei

晨昏照片（七）
传统叠图
最自然

适用版本 CS6\CC
参考范例素材 \03\Pic007_1.CR2～
Pic007_3.CR2

市场有位卖馒头的伯伯，有点年纪了，但手劲相当大，揉出来的馒头层次分明、Q弹可口，手工限量的，生意当然好。修片也是，即便有新工具、新指令，但过于复杂的计算方式，不见得比传统的叠图好。

A. 选择文件

1. 打开 Mini Bridge。

2. 拖曳选取范例文件
   Pic007_1~Pic007_3.CR2，
   共三份 RAW 文件。

3. 缩略图上单击鼠标右键。

4. 在列表中选取"Photoshop"。

5. 在"Photoshop"子菜单中执行"将文件载入 Photoshop 图层"指令。

   别以为 RAW 文件都得先换成 JPG 才能进入 Photoshop 进行传统的叠图，同学看，这样就可以将 RAW 文件置入 Photoshop，多方便。

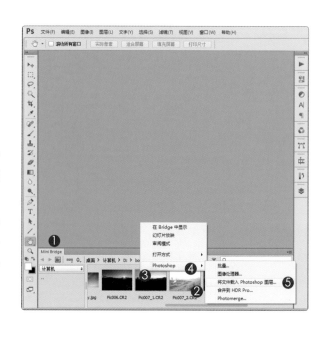

B. 观察图层

1. 单击"图层"按钮打开图层。
2. 图层重叠的状态。
3. 单击眼睛图示关闭图层。
4. 编辑区显示 Pic007_2.CR2。

　　把图层想象成三张叠在一起的照片，拿开最上面的照片，就能看见下一张的内容。

C. 调整图层顺序

1. 原来的图层顺序。
2. 拖曳 Pic007_1.CR2 图层到所有图层最下方。
3. 拖曳 Pic007_3.CR2 图层到最上方。
4. 单击眼睛图示，关闭 Pic007_3.CR2 图层。
5. 单击 Pic007_2.CR2 图层。
6. 指定混合模式为"柔光"。

　　同学可以试着变更图层顺序与混合方式，找出最适合自己文件的融合效果。

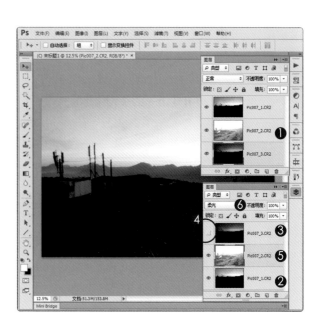

D. 加入图层蒙版

1. 单击 Pic007_3.CR2图层。
2. 单击眼睛图示，打开
   Pic007_3.CR2图层。
3. 单击添加图层蒙版按钮。
4. 加入白色透明的图层蒙版。

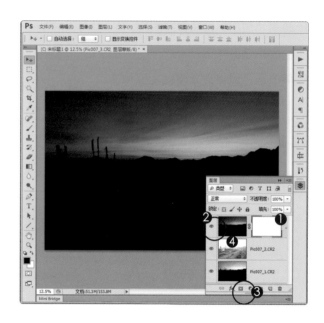

　　图层蒙版是摄影修片非常重要的工具（非常、非常重要）。如果对图层蒙版不熟，自己知道哦！

E. 加入渐变蒙版

1. 单击"渐变工具"。
2. 按字母键"D"，将前景/背景
   色还原为默认值。再按字母键
   "X"，交换前景色与背景色，
   确认前景色为"黑色"。
3. 单击渐变预设按钮。
4. 单击"黑到透明"组合。
5. 样式为"线性渐变"。
6. 由下往上拖曳鼠标。
7. 图层蒙版中加入渐变。

F. 渐变拉得不好？

1. 打开"历史记录"面板。
2. 单击"添加图层蒙版"，回复到上一个步骤，就可以重拉一次渐变。

同学可以到菜单栏"窗口"中打开"历史记录"面板。

▲ 在窗口下拉菜单中能打开"历史记录"面板

G. 地面可以更亮一点吗？

1. 单击 Pic007_2.CR2 图层。
2. 混合模式改为"正常"。
3. 不透明度设置为"30%"。

是的！同学可以随时修改图层混合模式，若是觉得混合的效果太强烈，可以降低"不透明度"减缓混合的状态。不错吧！透过图层叠加之后，光线相当自然。

1/5000s f/2.8 ISO 200 Photo by Yangbibi

调整蓝天（一）
色调与饱和度

适用版本 CS6\CC
参考范例素材 \03\Pic008.JPG

回头看照片的EXIF数据，才觉得自己真是傻透了，在这么强烈的光线下拍摄静物，光圈应该再小一点，让铸铁人每个部分都是清晰的；后悔没用，得找个天气好的时间，回去补考，没错！得补考。

A. 打开JPG

1. 打开Mini Bridge。
2. 在Pic008.JPG上单击鼠标右键。
3. 在列表中选取"打开方式"。
4. 在"打开方式"子菜单中执行"Camera Raw"。
5. 在Camera Raw打开JPG。

相信同学记得，JPG格式打开在Camera Raw中的步骤，但比比就是担心，可能有一两位同学忘记，所以又再写一次。

B. 先打亮暗部

1. 基本面板中。
2. 向右拖曳"阴影"滑块，观察
   铸铁人身上的阴暗区域数值约
   为"+74"。

　　如果整张照片都很暗，那就
得拉高"曝光"参数；像这种局
部偏暗的照片，只要拉高"阴影"
就可以，或许可以拉一下"曝光"
数值，但不要太多，一点点就好。

C. 喜欢哪一种"蓝"

1. 单击"HSL/灰度"按钮。
2. 单击"色相"选项卡。
3. 拖曳"蓝色"滑块，数值约为
   "-10"，偏水蓝。

　　试着由左到右拖曳"色相"
选项卡中的"蓝色"滑块，就能
看出蓝色天空颜色的改变。

D. 深沉一点的"蓝"

1. 位于"HSL/灰度"面板。
2. 单击"明亮度"选项卡。
3. 向左拖曳"蓝色"滑块，增加蓝色的暗度，数值约为"-42"。

　　单击"明亮度"上的"默认值"选项卡，能快速恢复"明亮度"选项卡中的所有参数的默认值，同学不用担心会影响到其他选项卡的设置。

E. 更鲜艳的"蓝"

1. 位于"HSL/灰度"面板。
2. 单击"饱和度"选项卡。
3. 向右拖曳"蓝色"滑块，增加蓝色的饱和度数值约为"+35"。

　　"HSL/灰度"面板能分别调整颜色的"色相、饱和度、明亮度"，同学可以善用"HSL/灰度"面板的特质，对色彩进行分区调整。

F. 检查曝光过度的时间到了

1. 单击"基本"按钮。

2. 单击"高光修剪警告"按钮。

3. 曝光过度区域在铸铁人脑门上，脑袋算是挺重要的区域，得修复一下。

　　学软件就是这样，所有的功能得反复再反复地操作练习；同学别觉得比比烦，这些程序都是非常重要的提醒，记得多练习。

G. 减少曝光过度

1. 向左拖曳"白色"滑块，直到"高光修剪警告"按钮变黑，数值约为"-36"。

2. 剩一点点曝光过度显示无所谓。

3. 单击关闭曝光过度显示。

1/6400s f/2.8 ISO 200 Photo by Yangbibi

调整蓝天（二）
善用相机校正

适用版本 CS6\CC
参考范例素材 \03\Pic009.JPG

　　杨比比已经先在 Camera Raw 程序中拉高 Pic009.JPG 阴暗区的亮度，所以同学们只要打开 Mini Bridge 面板，双击 Pic009.JPG 缩略图，便可以将范例文件打开在 Camera Raw 窗口中咯！

A. 打开范例文件

1. 打开 Mini Bridge 面板。
2. Pic009.JPG 缩略图上已经有
　　编辑图示，双击缩略图。
3. 在 Camera Raw 窗口中打开
　　JPG 格式。

　　为了让书上的窗口画面更大一些，所以裁切了部分画面。同学注意 Camera Raw 窗口的"基本"面板，阴影已经拉高到"+78"。

B. 选择需要的"蓝"

1. 单击"相机校准"按钮。
2. 拖曳蓝原色"色相"滑块，数值为"-26"。

　　应该发现了，比比特别偏爱青蓝色，这表示"-26"不是绝对值，同学可以依据自己的喜爱调整蓝原色"色相"，以改变色调。

C. 拉高蓝色色彩的鲜艳度

1. 调整缩放比例为"33.3%"，拉近图片。
2. 拖曳"饱和度"滑块，数值约为"+62"。

　　如果照片的ISO值太高，增加色彩"饱和度"很容易造成影像劣化，产生明显的颗粒状，因此提高缩放查看比例，拉近图片，比较容易看出饱和度提高后，对画质的影响。

1/200s f/9 ISO 200 Photo by Teddy Wei

调整蓝天（三）
渐变滤镜

适用版本CS6\CC
参考范例素材\03\Pic010.CR2

　　谈到蓝天，怎么能漏掉"渐变滤镜"这款超级工具咧；现在让我们将焦点放在提高蓝天色彩的鲜艳度（不仅仅是拉高饱和度而已哦），这是非常精简且快速的做法，同学千万别错过，只有三个程序，来看看。

A. 打开范例文件

1. 打开Mini Bridge面板。
2. Pic010.CR2缩略图上已经有
   编辑图示，双击缩略图。
3. 将编辑过的 R A W 文件在
   Camera Raw窗口打开。

　　其实也没有动太多手脚，杨比比仅适度提高曝光度，并调亮阴暗区域，同学可以看看基本面板上的"曝光"与"阴影"数值。

B. 启动渐变滤镜

1. 单击"渐变滤镜"按钮。
2. 色温设置为"-30"，偏蓝。
3. 饱和度设置为"+20"，加强色
   彩的鲜艳度。
4. 拖曳拉出渐变范围，起始点绿
   色在上，结束点红色在下。

　　按住"Shift"键不放，拖曳
鼠标，可以在水平或是垂直方向
固定渐变。比比建议渐变方向能
有一点歪斜，这样比较自然一些。

C. 注意这个步骤

1. 曝光设置为"-0.40"，略微偏暗。
2. 高光设置为"-80"，降低高光
   明度。
3. 天空特别蓝吧。

　　提高蓝天色彩的鲜艳度，不
见得要玩命拉高"饱和度"的数
值，只要略为降低"曝光"与"高
光"，尤其是"高光"，数值降低
后，蓝天会更鲜明，而且不会让
白云变暗。

1/640s f/9 ISO 200 Photo by Teddy Wei

调整蓝天（四）
调整画笔

适用版本 CS6\CC
参考范例素材 \03\Pic011.CR2

　　除了"渐变工具"还有更具弹性的"调整画笔"，在这里，容许杨比比提供一个小小的编辑窍门给同学，多一个动作，能让蓝天更均匀。

A. 打开范例文件

1. 打开 Mini Bridge 面板。
2. Pic011.CR2 缩略图上已经有编辑图示，双击缩略图。
3. 将编辑过的 R A W 文件在 Camera Raw 窗口打开。

　　还是一样，杨比比拉高了 RAW 文件的曝光度与阴影，数值已经存储在 Camera Raw 窗口中，同学可以看一下。

B. 启动调整画笔

1. 单击"调整画笔"按钮。

2. 画笔大小设置为"48"。

3. 羽化设置为"100",边缘非常模糊。

4. 缩小查看比例数值约为"6.3%"。

　　两件事提醒同学,首先,画笔尺寸需要大一点,至少要能遮盖一半的天空。其次,查看比例要够小,小到画笔可以移动到外侧。

C. 注意画笔的起始点

1. 色温设置为"-30",偏冷色调。

2. 曝光设置为"-0.30",略暗。

3. 高光设置为"-30",降低明暗度。

4. 饱和度设置为"+20",提高色彩鲜艳度。

5. 移动画笔到图片外侧,按住"Shift"键不放水平拖曳画笔。

　　如果画笔由照片内侧拖曳,刷痕就不会这么均匀,同学应该了解比比的意思(击掌)。

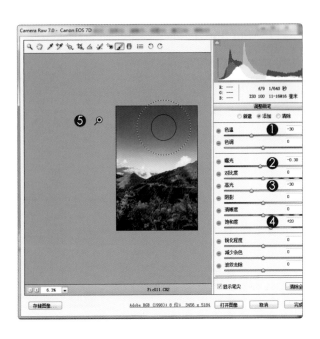

1/250s f/22 ISO 200 Photo by T_F_Chen

调整蓝天（五）
高级处理技法

适用版本CS6\CC
参考范例素材\03\Pic012.CR2

想得到色调均匀的蓝天，光靠老天爷是不够的，还要黑卡……可是杨比比不会摇黑卡，所以发展出这样的方式，来调和不均匀的蓝天。同学可以试试，这可是相当高级的做法，超厉害的。

A. 打开范例文件

1. 打开Mini Bridge面板。
2. 在Pic012.JPG上单击鼠标右键。
3. 在列表中选择"打开方式"。
4. 在"打开方式"子菜单中执行"Camera Raw"命令。

好吧！将JPG在Camera Raw窗口中打开，杨比比起码讲了五六次，同学再忍耐一次，真的是最后一次了。

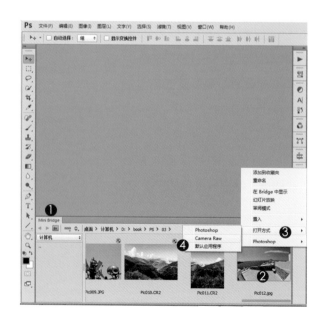

B. 打亮阴暗区域

1. 基本面板中。
2. 阴影设置为"+60"，拉亮阴暗区域。
3. 按住"Shift"键并单击"打开对象"按钮。

　　将范例文件以"智能对象"图层在Photoshop中打开，能保持与Camera Raw窗口的连接，应该还记得吧！

C. 进入Photoshop

1. 图层缩略图右下角显示智能对象缩览图。
2. 图层名称上单击鼠标右键，执行"通过拷贝新建智能对象"。
3. 拷贝出另一个智能对象。

　　以"通过拷贝新建智能对象"方式复制智能对象图层，能让图层分别连接两组不同的Camera Raw参数，接着看就知道了。

D. 重回 Camera Raw

1. 双击 Pic012 副本图层缩略图。
2. 回到 Camera Raw 窗口。
3. 天空两侧的光线不均匀。

　　现在，请同学把注意力放在
左侧的天空上，就当作画面上只
有左侧浅蓝的区域，用力地加强
蓝天的色调与色彩鲜艳度。

E. 提高左侧天空的色彩鲜艳度

1. 基本面板中。
2. 色温设置为"-18"，偏冷调。
3. 曝光设置为"-0.35"。
4. 高光设置为"-80"。
5. 单击"确定"按钮。

　　杨比比知道其他区域都过
分地偏蓝，但我们需要的左侧
天空是 OK 的，刚刚好，那就
对了，单击"确定"按钮回到
Photoshop。

F. 有两个不同的图层

1. 图层面板中显示上下两个色调
   完全不同的图层。
2. 单击Pic012副本图层。
3. 单击添加蒙版按钮。
4. 增加透明白色蒙版。

　　现在我们可以运用图层蒙
版，混合这两组参数完全不同的
图层，真是太迷人了，马上来试
试；最后一个程序，加油。

G. 渐变遮色

1. 单击"渐变工具"。
2. 指定前景色为"黑色"。
3. 单击渐变选项按钮。
4. 选取"前景色到透明渐变"
   模板。
5. 使用线性渐变形式。
6. 第一组渐变由下往上拖曳鼠标。
7. 第二组渐变由右往左拖曳鼠标。
8. 只留下我们需要的左侧天空均
   匀多了，超棒的!

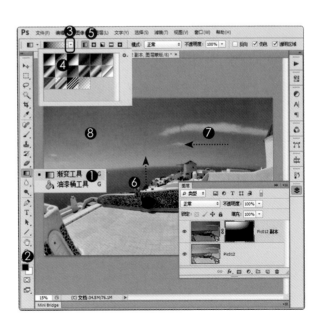

第4章 Chapter

更自然地修饰照片

Photo by 隋淑萍
1/160s f/7.1 ISO 200

1/80s f/5.6 ISO 320 Photo by

Camera Raw
重新调整构图

适用版本 CS6\CC
参考范例素材 \04\Pic001.NEF

　　杨比比摄影向来凭感觉，什么测光、抓水平，都不在考虑范围内，更别说是构图了。比比认为摄影就是记录生活、记录情绪、保留拍摄当时的温度……好！感觉这玩意太抽象，回到现实面来说，那就是，比比的照片非常需要后期。

A. 打开范例文件

1. 打开 Mini Bridge 面板。
2. 双击 Pic001.NEF 缩略图。
3. 进入 Camera Raw 窗口。

　　同学一定好奇了，Mini Bridge 面板的缩略图上，明明就有编辑图示，表示 Pic001.NEF 已经处理过，怎么还是黑压压的，究竟是修改哪些部分？是有玄机的哦，来看看。

B. 这也太强了吧

1. 单击"快照"图标。
2. 单击"蓝绿色调",再单击"暖黄色调"。
3. 很有"夕阳伴我归"的情境。

　　快照是一种阶段性的存档,它能保留现阶段所有参数与工具的调和结果,与 Photoshop 历史记录面板中的快照作用相同。

C. 重新指定明暗数据

1. 单击"基本"图标。
2. 黑色设置为"-58",增加暗部范围。
3. 自然饱和度设置为"-30",降低照片的色彩鲜艳度。
4. 有点复古风情。

　　同学可以依据自己对于范例照片的感受,修改色调或明暗,当然也可以拉拉渐变滤镜或是运用调整画笔进行变化。

D. 存储快照

1. 单击"快照"图标。
2. 单击新增快照按钮。
3. 输入快照名称"复古色调"。
4. 单击"确定"按钮。
5. 快照存好了。

　　同学可以试着单击面板右侧的选择按钮（红圈处）执行"Camera Raw默认值"，将所有面板中的数据还原，单击"完成"按钮，就能在不改变照片原有明暗的状态下，存储快照，很方便吧！

E. 重新构图

1. 单击"裁剪工具"图标。
2. 拖曳拉出裁剪范围。
3. 拖曳控制点重新构图。

　　如果没有显示构图三分线，请按住"裁剪工具"约两秒不放，由菜单中执行"显示叠加"功能，就能看到三分线了。

F. 结束裁剪工具

1. 单击"缩放工具"图标。
2. 显示重新构图后的状态。

　　还记得比比说过，Camera Raw 相当保护 RAW 文件，就像母鸡护着小鸡一样，这表示裁剪不是真的切掉我们的照片，而是隐藏哦。

G. 还原照片原始范围

1. 单击"裁剪工具"图标，编辑区显示照片原始范围。
2. 按住"裁剪工具"不放，显示工具栏。
3. 执行"清除裁剪"指令。

　　同学也可以跳开此步骤，直接单击"存储图像"按钮，指定 JPG 或是其他格式，将裁剪后的照片保留下来。

1/0.4s f/22 ISO 100 Photo by

Camera Raw
拉直水平线
并重新裁剪

适用版本CS6\CC
参考范例素材 \04\Pic002.NEF

Camera Raw拉直工具与裁剪工具是搭配在一块使用的，拉直照片的水平线之后，会立即裁剪转动之后多余的区域；两款工具搭配得非常协调，同学一定要试试，只有三个程序，非常简单，来看看哦！

A. 打开范例文件

1. 打开Mini Bridge面板。
2. 双击Pic002.NEF缩略图。
3. 进入Camera Raw窗口。
4. 显示"基本"面板。
5. 参数都是默认值。

　　同学知道杨比比做了什么手脚吗？没错！就是快照，马上点到快照面板去瞧瞧。

B. 果然有快照

1. 单击"快照"图标。
2. 单击"日落暖黄"。
3. 快速修改色调与曝光。

不论是基本面板、镜头校正、相机校正，或是渐变滤镜、调整画笔，所有的参数设置都可以记录在快照当中。

C. 拉直工具

1. 单击"拉直工具"图标。
2. 拖曳鼠标拉出需要转正的水平线。
3. 转正后立刻显示裁剪范围。
4. 拖曳控制点调整裁剪区域。
5. 单击放大镜结束拉直动作。

Camera Raw并不会真的对照片下手，如果觉得裁剪范围不理想，可以按住"裁剪工具"按钮不放（约两秒），执行工具栏中的"清除裁剪"指令。

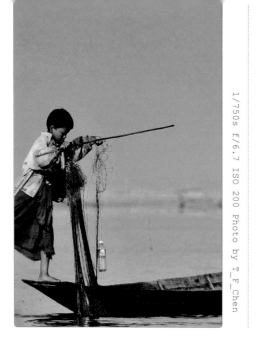

1/750s f/6.7 ISO 200 Photo by T_F_Chen

构图前景
忽略背景的水平

适用版本 CS6\CC
参考范例素材 \04\Pic003.JPG

　　看过 Camera Raw 的拉直与裁剪工具后，当然得回头来试试 Photoshop 原汁原味的 "拉直工具"；跟 Camera Raw 一样，拉直工具与裁剪是搭配在一块的，照片拉直后，会自动依据转正的角度进行裁剪动作。

A. 打开范例文件

1. 打开 Mini Bridge 面板。
2. 双击 Pic003.JPG 缩略图。
3. 在 Photoshop 中打开文件。
4. 单击 "图层" 按钮。
5. 显示背景图层。

　　专注在前景的构图上，很容易就忽略背景的水平。现在让我们根据环境，一起来试试 Photoshop 的拉直工具。

B. 拉直工具

1. 按快捷键"Ctrl+J"复制"图层1"。

2. 单击"裁剪工具"按钮。

3. 工具属性栏上单击"拉直"按钮。

4. 沿着需要转正的水平线拖曳指标拉出直线。

5. 完成后单击"√"按钮。

　　"Ctrl+J"是复制图层的快捷键，相当于复制加粘贴的组合，能快速复制指定的图层，确保原始图片的完整性。

C. 完成水平转正

1. 水平线非常平直。

2. 原始角度还在背景图层，没有被破坏。

　　不需要保留图层信息的同学，可以将文件以JPG格式存储下来，Photoshop会自动合并图层为"背景"，借以减少文件容量。

1/60s f/4.5 ISO 2000 Photo by Yangbibi

有弧度的歪斜
也能拉正

适用版本 CS6\CC
参考范例素材 \04\Pic005.JPG

"照片是不规则的弧状，可以拉直吗？"当然可以，同学可以提供照片让比比试试吗？"我拍得不好啦，照片你自己找。"好吧！谁让杨比比热心助人又爱分享，来看看这个练习。

A. 打开范例文件

1. 打开 Mini Bridge 面板。
2. 双击 Pic005.JPG 缩略图。
3. 在 Photoshop 中打开文件。
4. 在菜单栏中选择"视图"。
5. 在下拉列表中执行"标尺"命令。
6. 单击"移动工具"。
7. 由标尺中拖曳参考线到餐馆与
   道路相接的位置。

照片中的两间迷人小餐馆，位于有点弧度的斜坡上，画面看起来有点奇怪的歪斜。

B. 复制图层

1. 双击"抓手工具",将图片全部显示在画面中,方便我们进行全面查看。
2. 按快捷键"Ctrl+J"复制出"图层1"。
3. 在菜单栏中选择"视图"。
4. 在下拉列表中单击关闭"标尺"。

　　想想也很有趣,在金瓜石拍照的时候,"天兔"台风侵台;现在回头来分享拍摄心得,"菲特"台风居然在窗外打转,狂风暴雨,非常热闹。

C. 操控变形

1. 确认选取"图层1"。
2. 在菜单栏中选择"编辑"。
3. 执行"操控变形"命令。
4. 编辑区中显示不规则网纹。

　　有种木头做的玩偶,身上的每一个关节都可以独立控制,"操作变形"大概就是这个意思,我们会在照片上插入圆钉,并依据不同方向转动照片,是一款弹性非常大的变形工具。

D. 加入固定图层

1. 单击编辑区插入图钉。
2. 再次单击编辑区，插入第二颗
   图钉，向下拖曳图钉转动角度。

　　"操作变形"指令可以在画
面中插入许多图钉，借以固定照
片位置。试着单击某一个特定的
图钉，当图钉上显示白色控制
点，同学便可以拖曳改变图钉周
围的影像位置；放心地试，大不
了把复制的"图层1"删除，再
来一次就好，加油哦！

E. 再加入一个图钉

1. 单击上方增加图钉，向上拖曳
   拉高边缘线。
2. 单击"√"按钮。

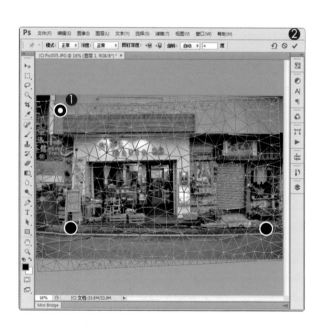

　　现在照片下方的两颗图钉都
是固定点，卡住照片，所以我们
在新增图钉之后，会发现，拖曳
图钉时，照片会变得柔软，可以
拉扯。

F. 加入图层蒙版

1. 单击"缩放工具"图标。

2. 拖曳鼠标拉近照片。

3. 上面怪怪的。

4. 确认选取"图层1"。

5. 单击"添加蒙版"按钮。

6. 添加透明白色蒙版。

G. 遮盖重叠的影像

1. 单击"画笔工具"图标。

2. 指定前景色"黑色"。

3. 适度调整画笔大小。

4. 单击图层蒙版，表示目前作用
   范围是图层蒙版。

5. 拖曳画笔遮盖不理想的区域。

6. 在菜单栏中选择"视图"。

7. 在下拉列表中执行"清除参考
   线"命令。

　　OK，画面看起来工整多了，
现在杨比比得趁着风雨小，先出
门买菜，晚上还要做便当（什么
眼神）。比比可是煮菜高手呀！

1/150s f/7.1 ISO 800 Photo by 夏蓉

黄金螺旋线
构图裁剪法

适用版本 CS6\CC
参考范例素材 \04\Pic006.NEF

Photoshop 改版之后，最让同学疑惑的构图方式就是"黄金螺旋线"，总是抓不到"无穷点"（就是螺旋线最后的漩涡）的位置；所以特别请出摄影学姐夏蓉提供金轮捞鱼苗的照片，让同学们进行练习，请掌声鼓励。

A. RAW 置入 Photoshop

1. 打开 Mini Bridge 面板。

2. 在 Pic006.NEF 上单击鼠标右键。

3. 在列表中选取"置入"选项。

4. 执行"Photoshop 中"命令。

5. 在 Photoshop 内打开为智能对象。

RAW 文件可以直接在 Photoshop 中打开，不用经过 Camera Raw 程序哦，帅吧！

B. RAW还是RAW

1. 双击Pic006图层缩略图。
2. 打开Camera Raw。
3. 色温"9600"，偏暖黄。
4. 阴影"+20"，调亮偏暗区域。
5. 单击"确定"按钮。

　　RAW文件以智能对象置入Photoshop，仍保留与Camera Raw之间的连接，简单地说RAW就是RAW，不会被破坏的。

C. 裁剪工具

1. 单击"裁剪工具"。
2. 显示裁剪边界。
3. 单击"设置裁剪工具的叠加选项"按钮。
4. 在下拉列表中选择"金色螺旋"。

　　"螺旋线咧？怎么没出现？"对呀！选了就该出现，但Adobe的逻辑跟我们不一样，他们认为，裁剪范围没有变化，就不需要显示构图覆盖的参考线，那我们就动一动吧！

D. 调整裁剪范围

1. 向下拖曳裁剪线。
2. 显示黄金螺旋线，可是螺旋线
   的尾端位置不对。

　　照片的主体落在螺旋线的中
心位置（就是最内侧的螺旋状），
是最佳的视觉焦点，现在让我们
试试，变更螺旋线的方向。

E. 变更螺旋线中心

1. 单击视图选项按钮。
2. 执行"循环切换叠加"命令，
   或是按快捷键"Shift+O"，切
   换螺旋线中心位置。

　　Photoshop 的快捷键超级多，
没必要浪费脑浆在"Shift+O"
这组快捷键上，反正选项上有，
执行过指令后，再运用快捷键
即可。

F. 调整裁剪范围

1. 拖曳裁剪线。
2. 使螺旋线中心落在渔夫上。
3. 勾选"删除裁剪的像素"复选框。
4. 单击"√"按钮。

　　虽然勾选了"删除裁剪的像素"复选框，但这可是 RAW 文件哦，裁剪的像素真的会被删除吗？

G. 查看图像内容

1. 完成的裁剪画面。
2. 图层仍显示智能对象图示。

　　试着双击 Pic006 智能对象图层缩略图，进入 Camera Raw 窗口后就能发现，RAW 文件仍然是完整的，没有被裁剪过！

　　现在同学可以回到 Photoshop 中，将目前裁剪结果以 JPG 格式（或是其他格式）储存下来，放心地存，RAW 文件还是完整的。

1/15s f/5.6 ISO 400 Photo by Yangbibi

透视裁剪
目的性裁剪

适用版本CS6\CC
参考范例素材 \04\Pic007.JPG

　　泛黄的纸张、铅印的文字、还有手写的注释，非常吸引杨比比，但隔着玻璃拍，实在很难抓出正确的角度；所以Photoshop的透视剪裁上场，这可不是Camera Raw可以做到的哦！

A. 打开范例JPG

1. 打开Mini Bridge面板。
2. 双击Pic007.JPG缩略图。
3. 打开范例文件。
4. JPG只有很单纯的背景。

　　很棒吧！杨比比超爱这种铅印文字，另一页还有蛀虫啃食过的痕迹，真是太美了，一定要好好保留下来。

B. 启动透视裁剪

1. 单击"透视裁剪工具"。
2. 拖曳拉出透视裁剪框。

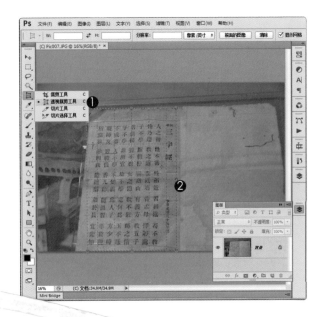

　　裁剪工具仅能剪裁矩形范围，但是透视裁剪工具就不一样了，拉出来的范围虽然还是矩形，但是每个控制点都可以分别调整。

C. 完成透视剪裁

1. 拖曳调整控制点到书本的四个角落。
2. 确认调整完毕后，单击"√"按钮结束裁剪。
3. 自动转正裁剪范围为矩形。

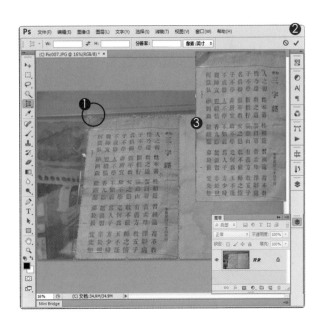

　　不论是裁剪或是透视裁剪，都会破坏原始照片的显示范围，建议同学先备份文件，再进行裁剪；如果是RAW文件，就不用这么麻烦了，但是JPG一定要记得备份哦！

1/125s f/22 ISO 200 Photo by T_F_Chen

摆脱镜头上的
灰尘与风沙

适用版本 CS6\CC
参考范例素材 \04\Pic008.JPG

摄友常说，荒漠中拍照，为了避免更换镜头导致相机入尘，最好能"双枪"。两台相机固然方便，但沙漠中的尘土可不是开玩笑的，狂风吹袭之下，镜头布满灰尘，尤其在穿透度高且色调清澈的天空，显得更清楚。

A. 打开范例文件

1. 打开 Mini Bridge 面板。
2. 在 Pic008.JPG 上单击鼠标右键。
3. 在列表中选取"打开方式"选项。
4. 在"打开方式"子菜单中执行"Camera Raw"。
5. 在 Camera Raw 窗口中打开 JPG 格式。

天气超级好，能见度佳、穿透度高，空气中似乎一点杂质都没有，照片看起来好极了。

B. 拉近查看天空

1. 指定查看比例 "100%"。
2. 单击 "抓手工具"。
3. 拖曳画面到天空，看出颗粒状的灰尘咯。

　　杨比比没做手脚，同学打开照片就知道，天空真的布满污点　现在只是冰山一角，等我们开始修复，就能看出严重性。

C. 污点去除

1. 单击 "污点去除" 工具。
2. 类型选择 "修复"。
3. 调整画笔大小为 "10"。
4. 不透明度设置为 "100" 表示完全遮盖污点。
5. 单击编辑区中污点，自动挑选遮盖的区域。

　　红色圈表示污点存在的原始位置；绿色圈表示修复污点的区域。试着拖曳绿色圈，改变修复污点的位置。按 "Delete" 键，即可删除编辑区中的红绿两圈。

D. 不规则的污点修复

1. 试着拖曳画笔涂抹污点，使修复范围呈现不规则形状。
2. 红色修复区也会呈现相同的不规则状并显示插针。

　　试着拖曳绿色或红色插针，改变污点位置或是修复区域，便能发现"污点去除"是弹性极大的修复工具。

E. 继续找污点

1. 仍在"污点去除"工具中。
2. 按住空格键不放便能暂时切换到抓手工具，拖曳画面找到污点。

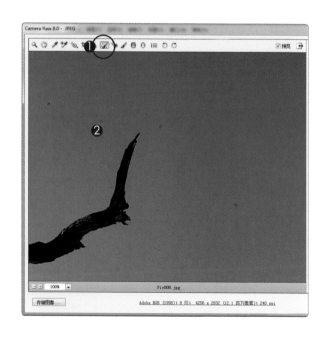

　　天啊！看来这些沙尘只是冰山一角，我们得换一招，看看照片中到底有多少尘土污点。

F. 污点显现

1. 单击显示比例菜单，执行"符合视图大小"，完整的图片显示在编辑区。
2. 仍然在"污点去除"工具中。
3. 勾选"使位置可见"复选框。
4. 向右拖曳滑块增加对比。

　　试着取消"显示叠加"复选框的勾选，暂时关闭编辑区的插针，更能看出……该说它是污点密布，还是漫天星斗（笑）。

G. 挽起袖子！动手吧！

1. 单击"污点去除"工具。
2. 类型选择"修复"。
3. 画笔大小设置为"10"或更小。
4. 不透明度设置为"100"。
5. 拖曳画笔涂抹污点。

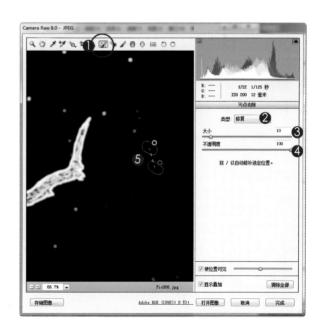

　　提醒同学，使污点位置可见这一招，只适用于CC版的Camera Raw，CS6不适用。

1/350s f/10 ISO 200 Photo by T_F_Chen

修复人像
应该更细腻

适用版本 CS6\CC
参考范例素材 \04\Pic009.JPG

　　照片数码化，拍的量比质还高，就少了时间逐一查看照片细节；这就是杨比比所谓的"更细腻"的意思。以人像来说，最好拉近查看比例到100%，细细检查并清除皮肤上的每个细节，来看看做法。

A. 打开范例文件

1. 打开 Mini Bridge 面板。

2. 双击 Pic009.JPG。

3. 单击"图层"按钮。

4. 打开"图层"面板。

5. 按快捷键"Ctrl+J"复制图层。

　　以目前的查看比例来看，不论是光线、笑容、肤质或是肤色，几近完美；但人像，不同于一般的静物照，值得更细腻一些。

B. 修复牙间的黑点

1. 确认目前在"图层 1"。
2. 查看比例为"100%"。
3. 按住空白键不放，拖曳画面到牙齿的部分。
4. 单击"污点修复画笔工具"。
5. 单击画笔按钮，尺寸设置为"11 像素"小一点，硬度设置为"0%"，边缘模糊。
6. 拖曳画笔（不要笑）。
7. 擦完就好了哦。

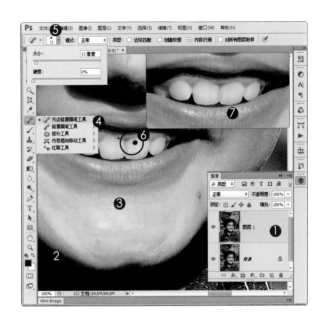

C. 还没结束

1. 还是"污点修复画笔工具"。
2. 按住空白键不放，暂时切换到"抓手工具"，拖曳画面到下巴。
3. 按住"Alt"键不放，再按下鼠标右键，左右拖曳调整画笔直径，上下拖曳改变画笔硬度。
4. 拖曳画笔涂抹下巴的痘痘。
5. 完成咯！

　　记得修复画笔的尺寸要配合修复的范围哦！

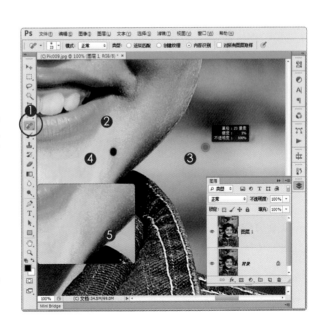

1/640s f/10 ISO 200 Photo by T_F_Chen

总是拍到
自己的影子

适用版本 CS6\CC
参考范例素材 \04\Pic010.JPG

　　Photoshop 中有很多款历久不衰的工具，像魔术棒工具、印章工具，能挂在工具箱那么多年，绝对有它们存在的价值。这回，就让我们看看，新旧工具大战，老牌"印章"对抗新款"修补工具"。

A. 打开 JPG 格式

1. 打开 Mini Bridge 面板。
2. 双击 Pic010.JPG。
3. 打开范例文件。
4. 打开"图层"面板。
5. 按快捷键"Ctrl+J"复制图层。

　　地上有人影、树影，杨比比将陪着同学将地上的……当然是人影（人影比较简单）处理掉，困难的树影就留给大家做练习（嘻）。

▲ 菜单栏"窗口"中能打开"图层"面板

172

B. 练习缩放查看

1. 单击"缩放工具"。
2. 拖曳鼠标拉近地上的影子，必
   要时按住空白键不放，拖曳画
   面到需要编辑的区域。

　　其实，编辑影像时，很少直
接单击"抓手工具"，多半都是
按住空白键，暂时切换。同学要
多花时间熟悉这个动作。

C. 修补工具

1. 单击"修补工具"。
2. 拖曳鼠标框选地上阴影。
3. 移动鼠标到框选内侧，向右侧
   拖曳寻找复制区，目前看起来
   还不错。

　　修补工具建立选取范围的方
式与"套索工具"相当类似，如
果选取的范围不理想，请按下快
捷键"Ctrl+D"取消选取范围，
重新建立。

D. 吓一跳吧

1. 套用"修补工具"后，修补范围还保留原有的暗度。

　　得到这样的结果其实不意外，因为是"污点修复画笔工具"或是"修补工具"，在修补的过程中，都会延伸范围外的明暗进入复制区域，借以均衡修补的状态，但是阴影刚好落在影像边缘，没有可以延伸的范围，所以它直接采用内部的明暗进行扩展，结果就是同学们看到的状态，吓一跳吧！

E. 退回步骤

1. 单击"历史记录"按钮。
2. 打开"历史记录"面板。
3. 单击"通过拷贝的图层"，恢复到之前的状态。

　　同学可以在菜单栏"窗口"中找到"历史记录面板"。

F. 仿制印章出场

1. 单击"仿制印章工具"图标。
2. 单击笔尖按钮，大小设置为"210 像素"，蛮大的，硬度设置为"0%"，边缘最模糊。

　　210 像素不是绝对值，印章画笔尺寸需要大于遮盖范围，甚至更大一些都没关系；画笔硬度要低，使边缘平滑柔软，才不会有明显的遮盖边线，来！我们继续。

G. 指定复制来源

1. 仿制印章工具状态下。
2. 按住"Alt"键不放，单击阴影旁边的草地，指定这片范围为复制来源。
3. 移动印章画笔到阴影上，拖曳指针涂抹阴影。

　　不错吧！仿制印章工具可是牌子老、信用好的超级金牌工具，至于旁边的树影，请先以仿制印章遮盖树影与影像边缘交界处，其余的部分可以使用修补工具完成，试试看！

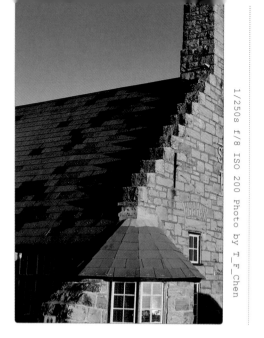

1/250s f/8 ISO 200 Photo by T_F_Chen

轻松摆脱
多出来的游客

适用版本 CS6\CC
参考范例素材\04\Pic011.jpg

拍照避不开的元素太多，像是一旁晃荡而过的游客、横跨天空的电线、不锈钢水塔，躲都躲不掉；那怎么办咧？"回家后期"，是的，既然避不开，那就后期吧；Photoshop 的内容感知，能自动监测、自动填入，来看看。

A. 打开 JPG 格式

1. 打开 Mini Bridge 面板。

2. 双击 Pic011.jpg。

3. 打开范例文件。

4. 打开"图层"面板。

5. 按快捷键"Ctrl+J"复制图层。

6. 单击"缩放工具"。

7. 拉近左下角的人物。

为了保护原始照片，千万别偷懒，图层一定要复制后再进行修补；比比应该叮嘱很多次，在讲下去就是唠叨了，同学要记住哦！

B. 选取需要移除的人物

1. 确认位于"图层1"。

2. 单击"套索工具"。

3. 使用"新选区"范围模式。

4. 沿着人物的边缘拖曳鼠标。

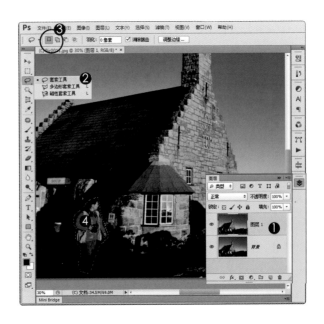

　　新选区模式下，同学只要单击选取范围之外的区域，就能取消选取；请大家试试，很方便。

C. 内容识别填充

1. 在菜单栏中选择"编辑"。

2. 在下拉列表中执行"填充"命令。

3. 使用选择"内容识别"。

4. 模式选择"正常"。

5. 不透明度设置为"100%"。

6. 单击"确定"按钮。

7. 自动监测、自动填入。

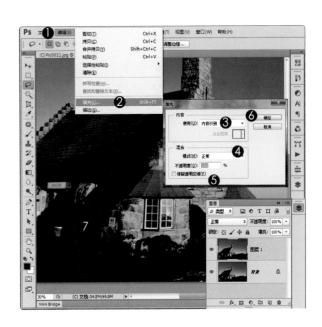

　　内容识别每次填入的状态都不太一样，如果不满意目前的填入状态，可以再执行一次菜单栏"编辑"菜单中的"填充"功能。

D. 取消选取

1. 在菜单栏中选择"选择"。
2. 在下拉列表中执行"取消选择"。
3. 几乎看不出修复痕迹。

　　建议经常使用Photoshop的摄影爱好者，将"取消选择"的快捷键"Ctrl+D"背下来。这组快捷键使用的频率太高，背下来绝对不吃亏，相信杨比比就没错啦。

E. 怎么有斑点？

1. 点击"缩放工具"图标。
2. 单击编辑区拉近影像，天空出现好几个斑点。

　　应该是保护镜上的灰尘，来吧！我们一起将这些小点清一清，也算是复习修复工具。

F. 污点修复画笔

1. 单击"污点修复画笔工具"。
2. 适度调整画笔大小。
3. 拖曳画笔涂抹斑点。

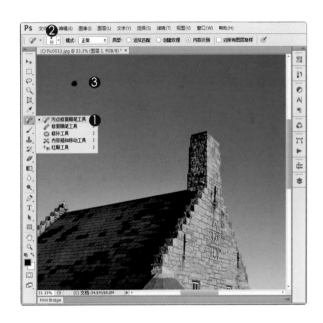

　　虽然清除灰尘斑点并不费
时，但还是份工作，如果可以，
上车后，就清一下镜头或是保护
镜，可以节省不少后期的时间。

G. 再检查一下

1. 仍然在"污点修复画笔工具"
　 的使用状态下。
2. 按住空白键不放，切换到"抓
　 手工具"，拖曳画面检查照片。

　　一旦发现灰尘或是斑点，立
刻放开空白键，便会切回到"污
点修复画笔工具"的状态下，马
上能运用画笔，清除斑点。

1/800s f/10 ISO 800 Photo by 方瑜

善用透视点
清除人物

适用版本 CS6\CC
参考范例素材 \04\Pic012.CR2

基本上拍摄静态人物，只要手不是抖得太厉害，1/100s也就够了。ISO值可以降低一些，大概250应该就够了。方瑜妹妹刚学摄影，本次练习的范例照片就是由她拍摄，请同学多多鼓励，谢谢大家。

A. 打开RAW文件

1. 打开Mini Bridge面板。
2. 在Pic012.CR2上单击鼠标右键。
3. 在下拉列表中选取"置入"。
4. 在"置入"子菜单中执行
   "Photoshop中"命令。
5. 以智能对象模式置入Photoshop
   图层中。

   RAW就是RAW，不是
JPG，直接在Photoshop中打开
就是麻烦一点，同学要多多体
谅。来，我们继续。

B. 转换智能对象图层

1. 在菜单栏中选择"滤镜"。
2. 在下拉列表中执行"消失点"……失效。
3. 图层名称上单击鼠标右键。
4. 执行"栅格化图层"。

　　RAW 文件以智能对象模式置入 Photoshop 是为了保有与 Camera Raw 之间的连接，但现在要动大手术了，得切断这条线，才能继续动刀……

C. 启动消失点

1. 成为一般栅格化图层。
2. 按快捷键"Ctrl+J"复制图层。
3. 在菜单栏中选择"滤镜"。
4. 在下拉列表中执行"消失点"，正常咯。

　　老话一句，修改图层之前一定要……没错，就是备份图层，唠叨了起码一万次，要记得哦！

D. 建立消失平面

1. 单击"创建平面工具"按钮。
2. 沿着人行道单击四个点（红圈处），建立透视调整平面。

　　建立出来的透视调整平面，如果是"红色"或是"黄色"，请同学使用窗口左侧最上方的"编辑平面工具"拖曳调整控制点，直到平面上的网格线变为蓝色。

E. 启动印章工具

1. 单击"印章工具"。
2. 复制范围直径设置为"500"。
3. 修复设置为"开"。
4. 按住"Alt"键不放，单击修复平面范围内的区域。

　　印章工具的使用方式与Photoshop内部工具相同，得先按住"Alt"键不放，指定来源点后，再运用印章工具，进行遮盖。

F. 遮盖局部影像

1. 拖曳印章工具画笔遮盖地面上
   的人物。

　　必要时可以再按"Alt"键，
重新指定复制来源点，不需要一
笔到底，可以慢慢涂抹。

G. 修好就不要盯着它看

1. 继续使用印章工具修复，直到
   人物完全被遮盖。
2. 单击"确定"按钮。

　　如果小心一点，可以运用印
章工具衔接好人行道的绿色地
砖，但是前后景深模糊的差异，
就需要其他滤镜的协助，我们后
面谈。

1/90s f/22 ISO 200 Photo by T_F_Chen

制作出令人惊叹的
光芒与耀光

适用版本 CS6\CC
参考范例素材 \04\Pic013.JPG

同学得了解，想要迎战太阳并拍出光芒，得缩小光圈、抓对角度，镜片够好才能拉出极为锐利的光芒，是一种高级技术照；没技术，总得会后期。来吧！一起来看看如何为照片加上光芒与耀光。

A. 打开JPG

1. 打开 Mini Bridge 面板。

2. 在 Pic013.JPG 上单击鼠标右键。

3. 在下拉列表中选取"打开方式"。

4. 在"打开方式"子菜单中执行
   "Photoshop"。

5. 在 Photoshop 中打开 JPG。

应该都注意到了 Pic013.JPG 缩略图右上角的编辑图示，它曾经被 Camera Raw 程序编辑过，文件中包含了 Camera Raw 参数，所以我们得采用这样的方式来打开它。

B. 先做好准备工作

1. 单击"缩放工具"。
2. 向下拖曳放大镜工具，将照片推远。
3. 编辑区外侧空出一大片区域。

　　就是这样，照片外侧多留点空间，准备迎接光芒耀光的加入。精彩的马上来，继续咯！

C. 置入光芒耀光

1. 打开 Mini Bridge 面板。
2. 拖曳光芒耀光图片。
3. 到 Pic013.JPG 中。
4. 新增耀光照片的图层。

　　拖曳进来就好，先别急着调整角度；因为光芒耀光的背景黑压压一片，看不到下面的图层，想移动，也是猜测性的移动，来！杨比比分享一招，简单有效。

D. 移除黑色背景

1. 目前在光芒耀光图层上。
2. 指定混合模式为"滤色"。
3. 立刻抽掉黑色背景。
4. 鼠标移动到变形框内，能拖曳改变光芒位置。
5. 鼠标移动到变形框外，能拖曳旋转角度。
6. 单击"√"按钮结束变形。

　　按下快捷键"Ctrl+T"能再次启动变形功能，方便我们移动图片的位置与旋转角度。

E. 还有一条线要处理

1. 图层融合后，光芒图片边缘还有一条白线。

　　合成就要合得不留痕迹，绝对不能让人看出手脚，这条线是有学问的，来看看怎么修。

F. 加入色阶调整图层

1. 打开"调整"面板。

2. 单击"色阶"按钮。

3. 新增色阶调整图层。

光芒耀光图片要去哪里找？

　　光芒耀光图片是运用 3D 滤镜产生的，但同学不用这么麻烦，直接搜寻"Lens Flare"就能找到数十万张的光芒耀光图片咯。

▲ 菜单栏"窗口"中能打开"调整"面板

G. 修掉白线

1. 单击"剪切到图层"按钮。

2. 显示裁剪记号，色阶仅影响下一个图层。

3. 向右拖曳"暗调"三角形数值约为"19"。

4. 白线消失咯。

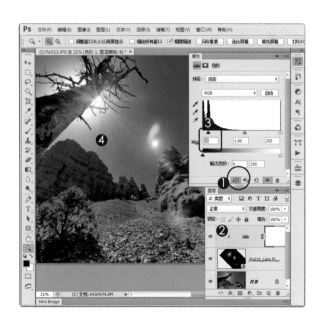

　　内容是 CS6 版本新增的面板，使用其他版本的同学，可以直接在"调整"面板中调整色阶，做法完全一样。这招好玩吧！嘿嘿！

1/40s f/9 ISO 200 Photo by Teddy Wei

樱花、火车
双焦点处理

适用版本 CS6\CC
参考范例素材 \04\Pic014.CR2

拿了太多 Teddy 的照片教学，当然得回馈一些，算是拿人的手软。这两张照片中，一张有清晰的樱花，另一张有缓慢驶入的蒸汽火车，想同时保留樱花与火车，就得运用 Photoshop 的合成技巧咯!

A. 启动 Photomerge

1. 打开 Mini Bridge 面板。

2. 拖曳选取两张 Pic014.CR2。

3. 在缩略图上单击鼠标右键，选取"Photoshop"。

4. 在"Photoshop"子菜单中执行"Photomerge"命令。

5. 版面选择"自动"。

6. 取消勾选"混合图像"复选框。

7. 单击"确定"按钮。

　　无法启动 Mini Bridge 的同学，可由菜单栏"文件"中执行"自动-Photomerge"命令。

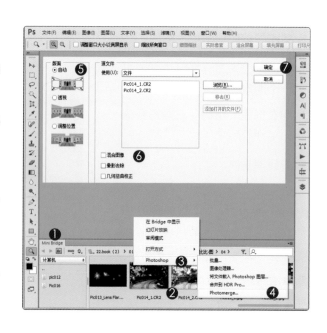

B. 添加蒙版

1. 确认有火车的图层在下。
2. 单击上方清晰的樱花图层。
3. 单击"添加蒙版"按钮。
4. 增加白色透明蒙版。

　　老实说，哪一张在上，哪一张在下，不是这么重要，但我们总要挑一个比较方便的处理手法，清晰的樱花图层在上，会比较容易些。

C. 刷出火车

1. 单击图层蒙版。
2. 单击"画笔工具"。
3. 指定前景色"黑色"。
4. 适度调整画笔大小。
5. 模式选择"正常"。
6. 不透明度设置为"50%"。
7. 拖曳画笔涂抹出火车。

　　由于不透明度只有50%，因此刷出来的火车呈现半透明状，方便定位；火车位置确定后，便可以使用画笔反复涂抹，增加火车的清晰度，接下来的工作就交给同学咯，加油！

1/200s f/9 ISO 400 Photo by 方瑜

重新合成
跳跃活力团体照

适用版本 CS6\CC
参考范例素材 \04\Pic015.JPG

　　这类瞬间跳高的照片，除了快门要快之外，团体的协调性也很重要，有人起跳早、有人跳不高；想得到完美的团体跳跃照，可以采用上一个火车与樱花的合成方式，手法完全相同，一起来玩玩。

A. 启动 Photomerge

1. 打开 Mini Bridge 面板。
2. 拖曳选取两张 Pic015.JPG。
3. 在缩略图上单击鼠标右键，选取"Photoshop"。
4. 在"Photoshop"子菜单中执行"Photomerge"命令。
5. 版面选择"自动"。
6. 取消"混合图像"复选框。
7. 单击"确定"按钮。

　　当照片以上下堆叠进行合成效果时，请同学记得取消"混合图像"的勾选。

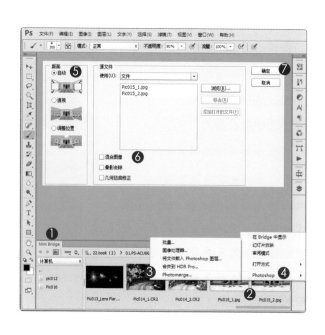

B. 建立图层蒙版效果

1. 确认 Pic015_1 是上方图层。
2. 单击"添加图层蒙版"按钮，建立图层蒙版。
3. 单击"画笔工具"。
4. 指定前景色"黑色"。
5. 适度调整画笔大小。
6. 不透明度设置为"100%"。
7. 拖曳画笔遮住右侧的人物。

　　两张照片比较起来，Pic015_1 的跳跃效果比较好，但最右侧的小妹妹跳得不够高，所以将Pic015_2的部分影像合成进来。

C. 修剪裁切

1. 单击"裁剪工具"图标。
2. 拖曳裁剪线，修剪掉两张照片因为对齐所产生的边缘差异。
3. 单击"√"按钮，完成裁剪。

　　Photomerge在堆叠图片的过程中，会同时对齐照片的位置，也因此容易产生照片边缘歪斜的状态，不过范围都很小，同学可以使用裁剪工具进行修剪。

1/250s f/8 ISO 100 Photo by Yangbibi

不一样的
全景合成效果

适用版本 CS6\CC
参考范例素材 \04\Pic016

　　全景合成、宽景合成，不论怎么称呼，就是将多张连拍的照片，结合成一张矩形横幅照片，借以呈现完整的影像景致。或许同学已经很熟悉这样的结合方式，但这次，杨比比多加一招，让我们有机会保留更完美的全景内容。

A. 启动 Photomerge

1. 打开 Mini Bridge 面板。
2. 进入 Pic016 文件夹。
3. 拖曳选取四张图片。
4. 在缩略图上单击鼠标右键，选
   取 "Photoshop"。
5. 在 "Photoshop" 子菜单下执
   行 "Photomerge" 命令。
6. 版面选择 "球面"。
7. 勾选 "混合图像" 复选框。
8. 勾选 "晕影去除" 复选框。
9. 单击 "确定" 按钮。

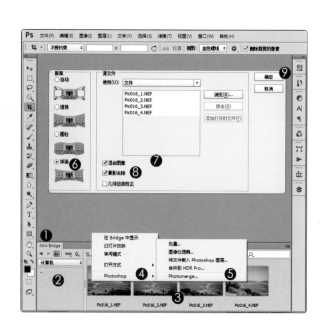

B. 影像混合在一起咯

1. 拼合完成的全景照片。
2. 四张图片分别在四个图层，并
   自动加入图层蒙版。

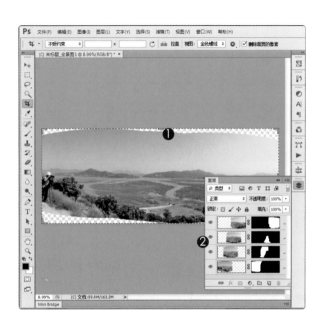

　　没错！打开Photomerge窗
口中"混合图像"项目后，会在
图层中自动加入蒙版，遮盖叠图
后光线不均匀的区域。

C. 合并图层

1. 所有图层都在选取状态下。
2. 在菜单栏中选择"图层"。
3. 在下拉列表中执行"合并图
   层"命令。
4. 四个图层合并成一个。

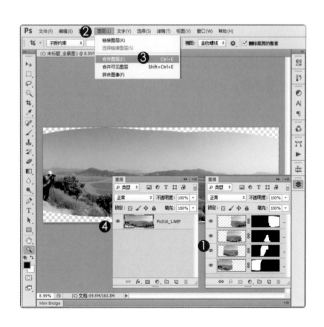

　　"拼合图像"功能同样能将图
层合并起来，但是原有的透明区
域，会以工具箱上的背景色彩来
填满，这点不利于我们后面的编
辑动作，请同学不要使用这一招。

D. 选取透明区域

1. 单击"魔棒工具"。
2. 容差设置为"100"。
3. 勾选"消除锯齿"复选框。
4. 取消"连续",方便选取照片中所有的透明区域。
5. 使用"魔棒工具"单击透明区域。

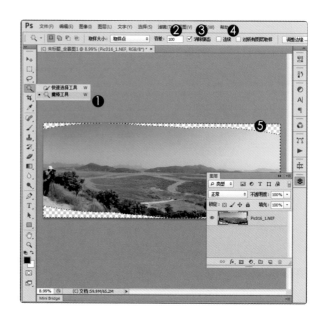

　　提醒同学,"魔棒工具"与"快速选择工具"放在同一个位置中,不要选错咯!

E. 内容识别 上场

1. 在菜单栏中选择"编辑"。
2. 在下拉列表中执行"填充"命令。
3. 使用选择"内容识别"。
4. 单击"确定"按钮。
5. 透明区域填入影像。

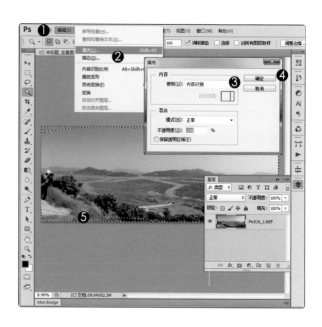

　　很紧张吧!不知道Photoshop会怎么识别这些不规则的区域,马上来看看。

F. 取消选取

1. 编辑区的选取范围影响视线。
2. 在菜单栏中选择"选择"。
3. 在下拉列表中执行"取消选择"。

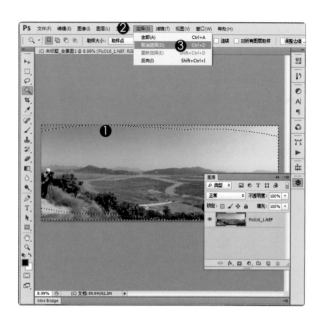

　　Photomerge后，很多同学都使用裁剪工具将透明区域修剪掉，这实在太可惜了，下回试试"内容识别"，效果不错哦！

G. 自然饱和度

1. 打开"调整"面板。
2. 单击"自然饱和度"。
3. 新增自然饱和度图层。
4. 在内容面板中提高自然饱和度数值。

　　调整图层是一种方便且弹性的编修模式，同学试着单击"眼睛图示"（红圈处）关闭自然饱和度调整图层，查看修改前后的差异。

▲ 菜单栏"窗口"中能打开"调整"面板

Chapter

第 5 章

丰富想象力的影像处理

Photo by 陈飞

1/200s f/11 ISO 100 Photo by Teddy Wei

单张照片
超现实HDR处理

适用版本 CS6\CC
参考范例素材 \05\Pic001.CR2

"怎么不多拿几张照片，进行HDR合并呢？"吼！比比宁可使用相机中的RAW合并功能，也不玩Photoshop内HDR Pro，说句真心话⋯⋯什么呀！根本不用真心话，实话实说，HDR Pro真是一款上不了台面的指令，糟糕！

A. 打开RAW文件

1. 打开Mini Bridge面板。

2. 在Pic001.CR2上单击鼠标右键。

3. 选择"置入"选项。

4. 执行"Photoshop中"命令。

5. 以智能对象模式打开。

　　大家都知道，遇到这种反差极大的晨昏，应该先曝一张天空，再曝一张地面，接着使用HDR合并两张照片；但这回，我们玩点不一样的超现实效果，来试试。

B. 启动 HDR 色调

1. 在菜单栏中选择"图像"。
2. 在下拉列表中选取"调整"选项。
3. 在"调整"子菜单中执行"HDR色调"命令。
4. 单击"是"按钮。
5. 智能对象的RAW图层。
6. 转换成"背景"图层。

　　HDR色调会切断RAW文件与Camera Raw程序之间的练习，且不论面板中有多少图层，都会自动合并为"背景"。

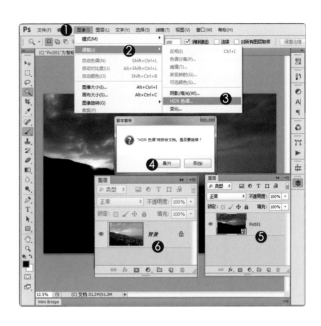

C. HDR预调色调

1. 打开"HDR色调"对话框。
2. 预设选择"默认值"。
3. 大幅度修改照片局部偏暗。

　　预设"默认值"效果不错，能快速平衡照片中的光影明暗，同学可以试着改变HDR色调对话框中的各项参数，玩一下，没关系的。

D. 超现实的来了

1. 预设选择"更加饱和"。
2. 勾选"预览"复选框。
3. 照片的颜色超级浓烈。
4. 单击"确定"按钮。

  除了"更加饱和"之外，同学可以尝试预设菜单中的其他效果，再适度修改参数，调配出自己喜欢的风格。

E. 太阳被闷住了

1. 打开"历史记录"面板。
2. 打开快照上显示，历史记录画笔图示表示可以使用历史记录画笔还原到打开状态。
3. 单击新增图层按钮。
4. 单击"历史记录画笔工具"图标。
5. 适度调整画笔尺寸。
6. 拖曳画笔涂抹太阳，恢复太阳原始的亮度。

F. 变更图层混合模式

1. 确认选取新增图层。
2. 变更混合模式为"明度"。
3. 太阳的亮度跳出来咯。

　　不仅太阳的亮度恢复了，连带着山头上偏暗的区域也跑出来了，这可不行，请同学使用图层蒙版，将偏暗的区域遮掉。

G. 增加图层蒙版

1. 确认选取新增图层。
2. 单击添加蒙版按钮。
3. 单击"画笔工具"。
4. 确认前景色为"黑色"。
5. 适度调整画笔尺寸。
6. 拖曳画笔遮盖偏暗的区域。

　　即便ISO只有100，拉亮偏暗区域后，还是跳出这么多的杂点与横纹；可以试着单击"背景"图层，执行菜单栏"滤镜-杂色-减少杂色"指令，略微降低照片上的杂点。

30s f/4 ISO 800 Photo by T_F_Chen

加强银河
贝壳般的超美色调

适用版本CS6\CC
参考范例素材 \05\Pic002.JPG

整理一下比比拍银河的心得，首先得挑个视野好、光害低的拍摄点；再来，地球自转可能造成银河模糊，所以得留心曝光时间不要太长，控制在30秒以内、使用大光圈，并适度拉高ISO值。

A. 打开Camera Raw

1. 打开 Mini Bridge 面板。
2. 在 Pic002.JPG 上单击鼠标右键。
3. 选取"打开方式"。
4. 在"打开方式"子菜单中执行"Camera Raw"选项。
5. 在 Camera Raw 窗口中打开 JPG 格式。

即便是北非旷野，光害极低的区域，姐夫拍摄银河时，仍然遵循黄金法则，大光圈、曝光时间控制在30秒以内、适度控制ISO。

B. 启动调整画笔

1. 单击"调整画笔"按钮。
2. 曝光设置为"+1.00"。
3. 高亮设置为"+50"。
4. 清晰度设置为"+50"。
5. 饱和度设置为"+50"。
6. 拖曳画笔涂抹银河。

　　同学可以配合图片的大小，适度控制调整画笔的尺寸与柔边范围。运用调整画笔重新控制明暗曝光之后，银河整个跳出来。

C. 改变银河色温

1. 确认调整画笔的插针呈现绿色作用状态。
2. 色温设置为"+20"。

　　比比提供的色温不是绝对值，同学可以依据自己的喜好，调整"色温"与"色调"。修改完成后，请单击Camera Raw窗口右下角"存储图像"按钮，将文件存储起来。

30s f/6.3 ISO 640 Photo by Teddy Wei

75张星轨
叠图超快速

适用版本CS6\CC
参考范例素材 \05\Pic003\

想象一群人，站在寒风飕飕，气温可能是零度或是两三度的山上，口袋里即便塞满了暖暖包，手还是颤抖着，可怜兮兮地熬在风口边曝上几个小时的星轨；傻吧！露出笑容的同学，应该都经历过（握手）。

A. 选取星轨

1. 打开Mini Bridge面板。

2. 选取06\Pic003文件夹。

3. 单击"查看"按钮。

4. 在列表中执行"全选"选项。

5. 选取文件夹内所有的文件。

习惯使用RAW格式拍摄星轨的同学，可以直接运用RAW格式叠图，不需要转换成JPG。

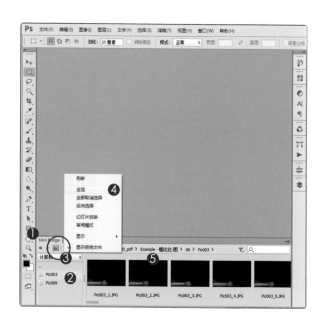

B. 将 JPG 载入图层

1. 在缩略图上单击鼠标右键。
2. 选取 "Photoshop" 选项。
3. 执行 "将文件载入 Photoshop 图层" 命令。
4. 逐一将文件载入图层中。

　　文件的数量比较多，载入这 75 张照片需要花一点时间，计算机速度比较慢的同学，可以起来扭一下腰、抬抬腿，稍微动一动。

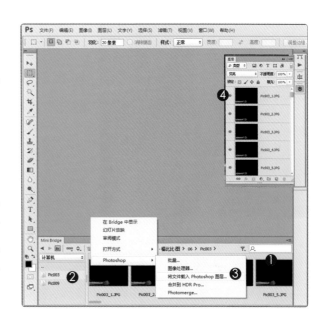

C. 合并图层

1. 在菜单栏执行 "选择 - 所有图层"，选取图层面板中的所有图层。
2. 指定混合模式为 "变亮"。
3. 在菜单栏执行 "图层 - 拼合图像" 命令。
4. 所有图层合并为 "背景"。

　　不需要透过特殊工具软件，就能快速合并所有的图片文件；这也是杨比比最常使用的星轨合并方式，希望同学们喜欢。

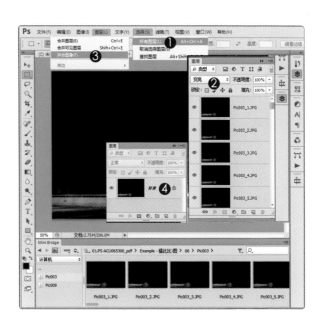

1/20s f/13 ISO 100 Photo by

嘘！无中生有的星轨

适用版本 CS6\CC
参考范例素材 \05\Pic004.JPG

　　夜曝星轨非常辛苦，受冷又受冻，像比比这种总窝在屏幕前面写稿，几乎不运动的"老人"，哪有体力经常上山吹风（不行！摇头）。所以咯！想要星轨，又没时间出门拍，当然得发展出一套星轨执行系统，来看看，很厉害哦！

A. 选取范例文件

1. 打开 Mini Bridge 面板。
2. 双击 Pic004.JPG 缩略图。
3. 在编辑区中打开。

B. 载入画笔与动作

1. 在菜单栏中选择"文件"。
2. 在下拉列表中执行"打开"
   选项。
3. 选取素材 \06 文件夹，画笔文
   件：星状.abr，动作文件：星
   轨.atn。
4. 单击"打开"按钮。

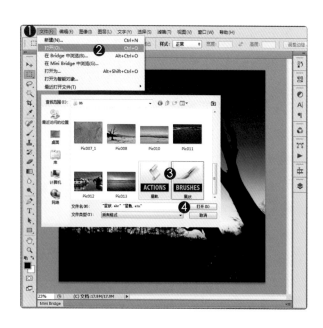

　　这是杨比比制作星轨时常用
的画笔（自己制作的）和动作指
令，同学可以参考运用。

C. 检查一下载入状态

1. 单击"画笔工具"。
2. 单击画笔图样按钮。
3. 拖曳滑块到最下方。
4. 新增的"星状"画笔就在这儿。
5. 打开"动作"面板。
6. 新增"星轨"动作组合。

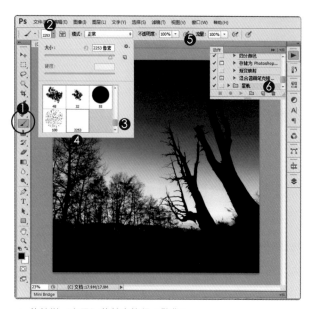

　　除了画笔与动作之外，其他
的外部文件，如渐变、自定形状、
样式等，都可以使用"打开"指
令，在 Photoshop 中打开。

▲ 菜单栏"窗口"菜单中执行"动作"

D. 自制星轨初体验

1. 单击新增图层按钮。

2. 新增图层1。

3. 单击"画笔工具"。

4. 指定前景色为"白色"。

5. 选取刚刚载入的星状画笔。

6. 编辑区中单击两次加上星星。

7. 单击三角形展开动作组合。

8. 单击"环状星轨"选项。

9. 单击播放按钮。

　　星状画笔中的星星比较小，加入之后可能不容易察觉，同学可以先播放动作看看效果。

E. 使用快捷键执行动作

1. 设定环状星轨的快捷键为"F12"，按快捷键"F12"便能重复播放环状星轨。

2. 星轨大致成型后。

3. 在菜单栏中选择"选择"。

4. 在下拉列表中执行"取消选择"命令。

5. 改变图层混合模式"叠加"。

　　使用覆盖模式后，原本压在树上的白色星轨会自动融合、消失，省了我们制作图层蒙版，运用画笔遮掉星轨的时间。

F. 喜欢星轨有点变化

1. 选取星轨所在的图层。

2. 单击"fx"按钮。

3. 在列表中执行"渐变叠加"命令。

4. 单击渐变按钮。

5. 单击渐变色彩。

6. 样式选择"径向"。

7. 混合模式选择"叠加"。

8. 单击"确定"按钮。

　　除了目前的渐变色彩组合之外，同学还可以单击"选项"按钮（红圈处），由选单中载入更多的渐变色彩组合，试试看哦！

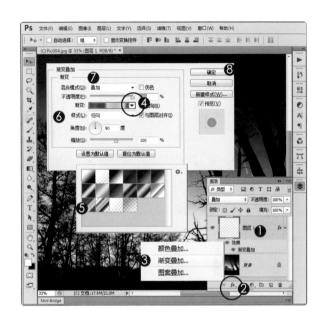

G. 改变混合模式

1. 单击星轨图层。

2. 变更混合模式为"正常"。

3. 单击添加蒙版按钮。

4. 单击"画笔工具"。

5. 适度调整画笔尺寸。

6. 前景色"黑色"。

7. 涂抹压在树干上的星轨。

　　混合模式"正常"，能表现出星轨原始的样貌，但得花时间处理压在树干上的星轨痕迹，虽然辛苦点，但效果不差，值得啦！

1s f/20 ISO 100 Photo by Teddy Wei

轻松体验
合成烟火

适用版本 CS6\CC
参考范例素材\05\Pic005.CR2

拍摄烟火虽然不用吹风受冻，但拍摄地点与摄影技术备受考验；阿乐老师说了，拍烟火得选风头，才不会拍到一堆烟；接着得先准备好前景，必要时加入黑卡，还得分区曝光，运用B门，长时间曝光；如何，厉害吧！

A. 文件导入图层中

1. 打开 Mini Bridge 面板。
2. 拖曳选取 Pic005 两个文件。
3. 在缩略图上单击鼠标右键，选取"Photoshop"选项。
4. 在 Photoshop 子菜单中执行"将文件载入 Photoshop 图层"命令。
5. 文件导入图层面板中。

　　同学可以依据自己的需求，拖曳调整烟火图层上下的排列顺序。好！我们继续。

B. 改变混合模式

1. 单击上方图层。

2. 改变混合模式为"变亮"。

3. 所有的烟火都融合进来。

　　改变图层混合模式，是最简单也最常见的做法，十面老师说了，这么容易的都做不好，怎么有机会做别的。所以咯，图层混合模式不见得最好，但总得试试才知道，就目前的合成状况来说，杨比比觉得不理想，弹性也不够，得换一招。试试接下来的方式。

C. 使用蒙版

1. 将Pic005_2拖曳到上方。

2. 确认混合模式为"正常"。

3. 单击添加蒙版按钮。

4. 单击"画笔工具"。

5. 指定前景色为"黑色"。

6. 适度调整画笔尺寸。

7. 拖曳画笔遮掉下方区域。

　　除了上方几团烟火之外，其余的区域全部以黑色画笔遮盖。遮盖完成后，请单击"移动工具"（红框处）拖曳改变Pic005_2烟火位置，如何！还能移动，弹性很大哦！

1/90s f/4.8 ISO 200 Photo by T_F_Chen

摄影必学
去背景抠图

适用版本 CS6\CC
参考范例素材 \05\Pic006.JPG

　　知道同学赶晨昏、曝星轨、拍烟火，没有时间研究超级长的去背景指令。所以我们将繁复的去背景功能浓缩成一个范例；同学只要跟紧杨比比，配合步骤，就能掌握大多数照片都适用的去背景功能，比比很用心吧!

A. 打开范例文件

1. 打开 Mini Bridge 面板。
2. 双击 Pic006.JPG。
3. 在编辑区中打开文件。
4. 打开"图层"面板。
5. 按快捷键"Ctrl+J"复制图层。

　　去背景的变数很大，为了确保原始图片的完整性，还是先复制一份，比较安全。

B. 快速选择工具

1. 单击新增的复制图层。
2. 单击"快速选择工具"。
3. 选取增加模式。
4. 适度调整画笔尺寸。
5. 由上往下拖曳画笔，建立选取
　 范围。

　　快速选择工具能依据画笔范围，监测影像中相似的色彩与纹理，快速进行选取。也因为如此，快速选择工具的画笔大小就显得相当重要，画笔太大监测得不够精确，太小又显得烦琐，同学得小心控制。

C. 移除多余的区域

1. 单击"快速选择工具"。
2. 单击减去模式。
3. 适度调整画笔大小。
4. 移动画笔到多选的范围上，拖
　 曳画笔移除多余的区域。
5. 单击添加蒙版按钮。
6. 图层上加入蒙版。

　　遮住目前图层的背景，显露出来的还是背景图层中相同的背景影像，根本看不出去背景之后的边缘状态，我们得多补一个图层。

D. 新增纯色图层

1. 单击调整图层按钮。

2. 执行"纯色"选项。

3. 显示拾色器对话框。

4. 拖曳滑块指定颜色范围。

5. 单击色彩区域指定颜色。

6. 单击"确定"按钮。

7. 新增纯色图层在最上方。

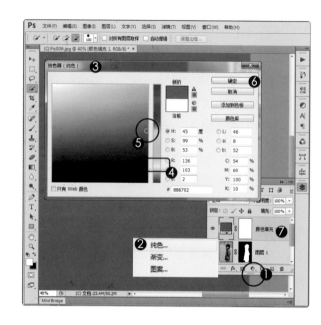

纯色图层放最上面当然没用，得将图层移动到去背景图层之下，才能检验出去背景的状态。

E. 检查去背景状态

1. 拖曳纯色图层到图层1下方。

2. 清楚地看到去背景的状态，发丝边缘不太好。

如果边缘不太平整，同学可以单击图层蒙版，使用画笔工具，搭配黑白两色，略微修正蒙版边缘。对了，发丝与帽子这种边缘复杂的区域，不用修整，有高手在后面等着。

F. 调整蒙版

1. 单击选取图层蒙版，在蒙版上
　　单击鼠标右键。
2. 执行"调整蒙版"选项。
3. 打开调整蒙版对话框。
4. 单击"视图"菜单。
5. 在下拉列表中选取"背景图层"。

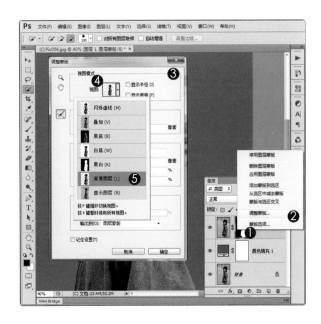

　　同学可以依据影像的状态选取适当的视图模式，就目前的状态来说选"背景图层"，也就是直接拿我们准备好的纯色图层内容来进行查看，是比较好的方式。

G. 把边缘清得更干净

1. 勾选"智能半径"复选框。
2. 勾选"净化颜色"复选框。
3. 数量设置为"100"。
4. 输出到"新建带有图层蒙版的
　　图层"。

　　提高净化颜色的数量，能快速清除影像边缘上残留的背景颜色。现在除了发丝之外，其余的区域应该非常平滑工整。

H. 清除发丝上残留的颜色

1. 调整蒙版对话框还没结束。
2. 单击"智能画笔工具"。
3. 调整画笔尺寸。
4. 拖曳画笔涂抹发丝。
5. 继续涂抹影像边缘。
6. 单击"确定"按钮。

　　智能画笔会自动分离色彩对比度与差异性很大的区域，如果色差太少，那就难办。

I. 完成去背景

1. 输出结果放置在新图层中。
2. 按住"Alt"键并单击图层眼睛图示，仅打开目前图层，关闭其他图层。
3. 灰白方块表示透明区域。

　　按住"Alt"键并单击图层前方的眼睛，能维持目前图层打开状态，并关闭其他图层。再次按住"Alt"键并单击眼睛图示，则能打开全部图层。试试看。

　　同学也可以在这个状态下，将文件以PNG格式存储下来，方便在其他软件中使用。

J. 后期双胞胎

1. 单击眼睛图示打开背景。
2. 确认打开最上方的图层。
3. 选取最上方的图层。
4. 在菜单栏中选择"编辑"。
5. 在下拉列表中选取"变换"选项。
6. 在"变换"子菜单中执行"水平翻转"命令。

　　要选对耶，是"水平翻转"，不是"垂直翻转"哦。如何，像镜子一样，很有趣吧!

K. 分享去背景图层

1. 在图层名称上单击鼠标右键。
2. 执行"复制图层"命令。
3. 指定图层复制的目的地。

　　可以试着打开另一张图片，并使用上面的方式，就能将已经加上蒙版的去背景图层，复制到新的影像文件中，超赞的哦!

1/500s f/11 ISO 200 Photo by T_F_Chen

仿老旧照片
叠牛皮纸处理

适用版本 CS6\CC
参考范例素材 \05\Pic007.JPG

　　非常感激所有在朋友圈提问的朋友们，大家的问题，让比比有机会以不同的角度再次查看以往熟悉的 Photoshop 功能，并研发出新的组合效果。所以咯，欢迎同学提问，但不要限制答题时间，比比得留点时间煮饭耶！

A. 降低饱和度

1. 打开 Mini Bridge 面板。
2. 双击 Pic007.JPG。
3. 在编辑区中打开文件。
4. 打开"调整"面板。
5. 单击"色相/饱和度"按钮。
6. 降低饱和度为"-42"。

　　太强烈的颜色会影响牛皮纸叠上的效果，因此先使用"色相/饱和度"降低饱和度。

B. 叠上牛皮纸

1. 打开 Mini Bridge 面板。
2. 拖曳 Pic007_1.JPG 进来。
3. 拖曳控制点调整大小。
4. 单击"√"按钮。
5. 新增 Pic007_1 图层。

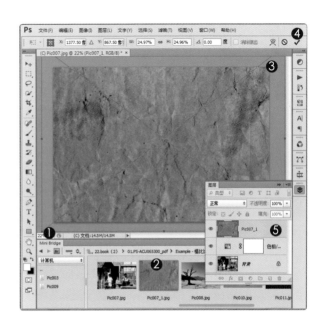

　　搜索"Brown Paper"可以
找到更多牛皮纸素材。尽量找破
旧一点，有折痕与水渍的更好。

C. 混合咯

1. 单击 Pic007_1 图层。
2. 指定混合模式为"变暗"。
3. 如果觉得效果太强烈，降低不
　　透明度到"80%"。

　　同学可以试着在牛皮纸图层
上，增加一个"色相 / 饱和度"
调整图层，拖曳"饱和度"滑块，
降低牛皮纸的色彩饱和度；或是
拖曳"色相"滑块，改善牛皮纸
的颜色。

1/300s f/11 ISO 200 Photo by T_F_Chen

最接近鱼眼镜头
拍摄的效果

适用版本 CS6\CC
参考范例素材 \05\Pic008.JPG

　　堂堂的 Photoshop 连个像样的鱼眼效果都没有，非得使用外挂程序吗？没有外挂，就只能套用滤镜菜单中那几款吓人的扭曲效果吗？同学一连几个问题，刺激杨比比在其他工具中找方向，总得有人帮 Photoshop 翻身吧！

A. 复制图层

1. 打开 Mini Bridge 面板。
2. 双击 Pic008.JPG。
3. 打开图层面板。
4. 按快捷键"Ctrl+J"复制图层。

　　鱼眼效果会造成照片中像素相当大的位移变化，所以得先复制一份图层，借以保护原图。

B. 任意变形

1. 单击复制图层。
2. 在菜单栏中选择"编辑"。
3. 在下拉列表中执行"自由变换"选项。
4. 启动"弯曲"功能。
5. 移动鼠标到控制线上，向下拖曳弯曲影像。

　　简单、快捷、操控自如，没有比弯曲变形更好的鱼眼效果咯；还有另一个方向，来看看。

C. 向上弯曲

1. 移动鼠标到上方控制线，向上拖曳弯曲影像。
2. 单击"√"按钮确认变形。

　　杨比比试了几张 Teddy 拍的波斯菊，效果超赞的，连 Teddy 都直呼，可以省下一个鱼眼镜头的费用了，赶快试试吧！

1/200s f/10 ISO 100 Photo by Teddy Wei

捕捉自然脉动
延时摄影

适用版本 CS6\CC
参考范例素材 \05\Pic009

堂堂的 Photoshop，影像处理界的翘楚、数码影像后期的龙头老大（怎么又是这两句……哈哈），绝对有制作延时影片的能力，还能结合多部影片，加入淡入淡出的转换效果；那还等什么，没时间泡茶聊天咯，玩延时。

A. 打开延时文件

1. 在菜单栏中选择"文件"。

2. 在下拉列表中执行"打开"选项。

3. 选取文件所在的文件夹。

4. 单击第一张照片。

5. 勾选"图像序列"复选框。

6. 单击"打开"按钮。

延时拍摄的过程中，有些小小晃动，因此比比将这组照片拆开成两个文件夹，同学也能趁机练习导入两组照片制作延时的方式。

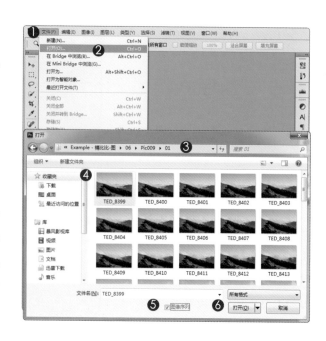

B. 指定帧速率

1. 帧速率"15"fps。
2. 单击"确定"按钮。
3. 新增"视频组 1"图层。
4. 自动跳出时间轴面板。
5. 导入视频组。

　　一般影片的标准播放速率在29fps～30fps，但在计算机中观看，不需要这么多，15就够咯。

C. 认识时间轴

1. 拖曳播放头观看视频影片。
2. 或是单击播放按钮。
3. 拖曳滑块调整时间轴长度。
4. 单击音频按钮加入背景音乐。

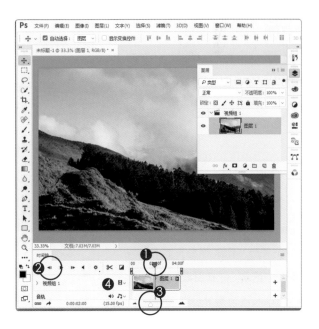

　　虽然Adobe公告的支持格式不包含WAV和MID，但经过比比的测试，MP3、WAV、WMV以及MID格式都可以导入。

D. 再来一段延时

1. 在菜单栏中选择"图层"。
2. 在下拉列表中选取"视频图层"选项。
3. 在"视频图层"选项中执行"从文件新建视频图层"指令。
4. 选取Pic009\02文件夹。
5. 单击第一张照片。
6. 单击"打开"按钮。

　　以新增视频图层的方式启动文件，就不需要另外勾选"图像序列"项目了。

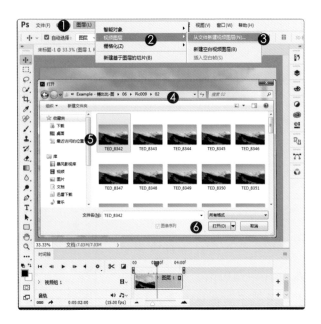

E. 导入两段延时照片

1. 打开"图层"面板。
2. 视频群中有两段影片。
3. 时间轴中显示两段影片。

　　所以咯，如果同学有第三段或是第四段影片，就可以采用相同的方式，将播放头拉到最后面，再由"图层-视频图层"菜单中将照片导入成为影片，很简单吧!

F. 加入影片间转换效果

1. 单击"过渡效果"按钮。
2. 指定过渡持续时间"1秒"。
3. 拖曳"交叉渐隐"。
4. 到两段影片的结合点放开。

　　如果两段影片在不同的轨道，记得拖曳影片到相同轨道中，才能顺利套用切换效果。

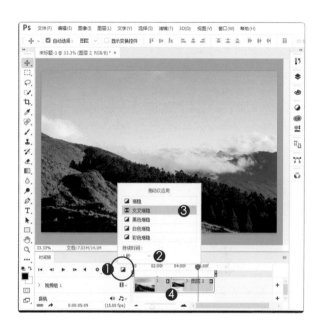

G. 导出影片

1. 单击"渲染视频"按钮。
2. 指定影片名称Pic009.mp4。
3. 单击"选择文件夹"按钮，指定文件存放位置。
4. 帧速率设置为"15"。
5. 单击"渲染"按钮。

　　如果视频轨道中的影片比较多，渲染时间一定会增加，同学可以趁机起来动一动，喝点水，转动眼球，放松身体与眼睛。

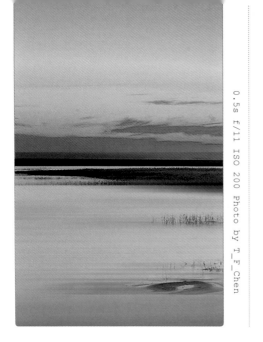

Josh风格（一）
动态水面

适用版本CS6\CC
参考范例素材\05\Pic010.JPG

Josh Adamski是同学极力推荐的摄影师，他不仅仅摄影，还运用了动感模糊滤镜组合，展现作品中唯美凄冷的孤独感；Josh Adamski后期作品极受欢迎，同学可以在社交网络中搜寻到他，让我们一起来认识他的风格。

A. 指定动感范围

1. 启动Mini Bridge面板。
2. 双击Pic010.JPG缩略图。
3. 按快捷键"Ctrl+J"复制图层。
4. 单击"矩形选框工具"。
5. 拖曳框选下方的水面。

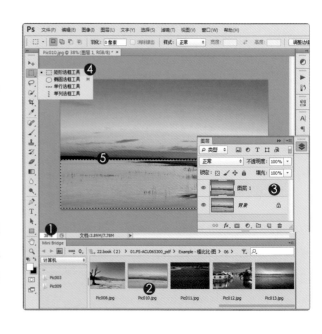

当然咯，同学也可以跳开矩形选区这个过程，直接将接下来的动感模糊滤镜，套用在整张照片上，那又是不一样的感受咯。

B. 套用动感模糊滤镜

1. 单击上方复制图层

2. 在菜单栏中选择"滤镜"

3. 在下拉列表中选取"模糊"选项。

4. 在"模糊"子菜单下执行"动感模糊"命令。

5. 模糊角度设置为"0"。

6. 模糊距离设置为"500"。

7. 单击"确定"按钮。

8. 动感模糊套用在选取范围中。

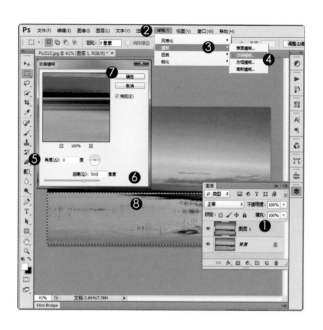

　　方向零度的动感模糊，非常适合使用在水面或是云彩中，用于展现优雅的动态感。

C. 还原部分影像

1. 单击添加蒙版按钮，以矩形范围建立蒙版。

2. 单击"画笔工具"。

3. 指定前景色为"黑色"。

4. 选用边缘模糊的大尺寸画笔。

5. 降低画笔不透明度为"50%"。

6. 拖曳画笔遮住动感模糊，露出背景图层中的水草。

　　想展现与 Josh 相似的风格，图片的选用相当重要，色彩太缤纷、画面太热闹的都不适合，像这种空无一人的晨昏照，最恰当。

Josh 风格（二）
梦幻沙滩

适用版本 CS6\CC
参考范例素材 \05\Pic011.JPG

　　Josh Adamski 的摄影作品除了冷冽孤独之外，影像的延伸性也很强，他运用大量的"径向模糊"技巧，刺激视觉、扩展画面。这样的处理方式与手法也是 Josh Adamski 相当受欢迎的风格之一。

A. 固定程序

1. 启动 Mini Bridge 面板。
2. 双击 Pic011.JPG 缩略图。
3. 在编辑区中打开文件。
4. 打开"图层"面板。
5. 按快捷键"Ctrl+J"复制图层。

　　变形影像或是套用滤镜之前，同学记得复制一份背景图层，这是最安全、且确保原图不受破坏的方式，千万别省略这个步骤。

B. 套用径向模糊滤镜

1. 单击上方复制图层。
2. 在菜单栏中选择"滤镜"。
3. 在下拉列表中选取"模糊"选项。
4. 在"模糊"子菜单中执行"径向模糊"命令。
5. 拖曳模糊中心点到上方。
6. 模糊方式"缩放"。
7. 数量设置为"100"。
8. 单击"确定"按钮。

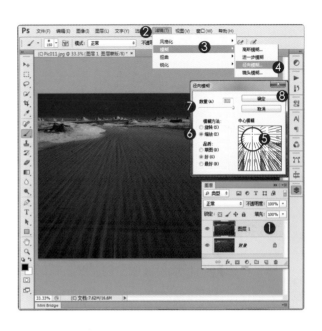

　　模糊中心点拖曳到上方偏左的位置，是为了配合沙滩的走向，使其更具延伸性。

C. 还原部分沙滩

1. 单击添加蒙版。
2. 单击"画笔工具"。
3. 指定前景色"黑色"。
4. 选用边缘模糊的大尺寸画笔。
5. 降低画笔不透明度到"50%"。
6. 拖曳画笔遮盖径向模糊，露出上方的岩石与部分沙痕。

　　很有趣吧，除此之外，径向模糊还能拉长云彩走向，延伸云朵，展现特殊的影像风格。

1/69s f/22 ISO 200 Photo by T_Chen

Josh 风格（三）
斜射霞光

适用版本 CS6\CC
参考范例素材 \05\Pic012.JPG

感受不到 Josh Adamski 作品的温度，就像他从不与朋友圈的朋友互动，总是默默发文、创作出孤独冷漠的空间。我们可以揣测模仿 Josh Adamski 后期的手法，但得加入自己的意念，当然，还有 37.5°C 微热的温度。

A. 快速选取需要的范围

1. 启动 Mini Bridge 面板
2. 双击 Pic012.JPG 缩略图
3. 按快捷键"Ctrl+J"复制图层。
4. 单击"快速选择工具"图标。
5. 使用增加模式。
6. 适度调整画笔尺寸。
7. 拖曳选取天空。

同学可以细看江南古城水面上的倒影，运用了垂直方向的动感模糊滤镜，不错吧！

B. 套用径向模糊滤镜

1. 单击上方复制图层。
2. 在菜单栏中选择"滤镜"。
3. 在下拉列表中选取"模糊"选项。
4. 在"模糊"子菜单中执行"径向模糊"。
5. 拖曳模糊中心点到右侧偏上。
6. 模糊方式"缩放"。
7. 数量设置为"100"。
8. 单击"确定"按钮。

　　径向中心点的位置影响了云彩的走向，同学可以尝试不同的方向，效果应该更有趣。

C. 遮住部分树影

1. 单击添加蒙版按钮。
2. 单击"画笔工具"。
3. 指定前景色"黑色"。
4. 选用边缘模糊的大尺寸画笔。
5. 降低画笔不透明度到"50%"。
6. 拖曳画笔遮盖径向模糊所延伸出来的树叶轨迹。

　　连续三个练习，希望同学能在这些滤镜中找到传达自己想法的方式，加油！

1/100s f/11 ISO 200 Photo by

Josh 风格（四）
梦想云彩

适用版本 CS6\CC
参考范例素材 \05\Pic013.JPG

为了让买书的同学有更多的惊喜，杨比比藏了一手云彩变形的程序，没有发表在博客中；建立云彩的步骤虽然简单，却花了不少时间测试，才发展出以弯曲变形，搭配混合模式所完成的Josh梦想云彩，很期待吧！一起来试试。

A. 快速选取需要的范围

1. 启动 Mini Bridge 面板。
2. 双击 Pic013.JPG 缩略图。
3. 单击"矩形选框工具"。
4. 拖曳鼠标框选天空。
5. 按快捷键"Ctrl+J"复制矩形范围。

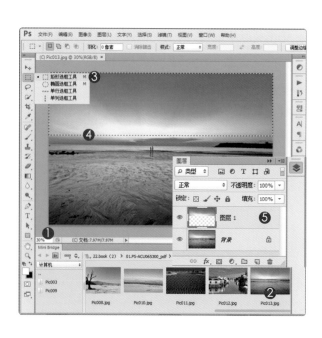

复制出来的范围与背景重叠在一起，目前还看不出端倪，来！我们继续。

B. 弯曲变形

1. 单击上方复制图层。

2. 在菜单栏中选择"编辑"。

3. 在下拉列表中选取"变换"选项。

4. 在"变换"子菜单中执行"变形"指令。

5. 随意拖拉弯曲变形的控制点。

6. 单击"√"完成变形。

　　放心大胆地拖曳弯曲变形的控制点，云彩的变化没有正确答案，如果觉得线条不够流畅，可以打开"历史记录"面板，退回到变形之前，重新调整一次。

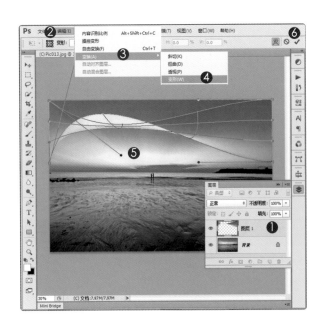

C. 搭配混合模式

1. 选取上方的云彩图层。

2. 指定图层混合模式为"变亮"。

3. 超美的吧。

　　单击混合模式菜单后，可以运用键盘的上下方向键，来控制菜单的内容，借以找到最适合的混合方式。其实叠加、变亮都不错。

第 **6** 章

锐化与签名

Photo by Teddy Wei
1/100s f/3.2 ISO 200

1/120s f/2.8 ISO 100 Photo by Teddy Wei

Camera Raw
输出锐化

适用版本 CS6\CC
参考范例素材 \06\Pic001.CR2

　　图像锐化向来是摄影者又爱又恨的功能，数值拉得太高，照片上容易出现噪点，不拉，又似乎少了一点味道。还好，Camera Raw程序为我们提供了相当温和有效的输出锐化功能，只要在存档前动动手指就可以咯！

A. 打开RAW文件

1. 打开Mini Bridge面板。
2. 双击Pic001.CR2。
3. 打开Camera Raw。
4. 显示RAW文件。

　　同学可以在Mini Bridge中拖曳选取多张RAW文件，直接在Camera Raw插件中进行输出锐化动作，很方便哦！

B. 工作流程选项

1. 单击窗口下方的文件描述文字。
2. 打开"工作流程选项"对话框。
3. 勾选"锐化"复选框。
4. 指定"滤色"选项。
5. 数量选择"标准"。
6. 单击"确定"按钮。

　　滤色：适用于在网页与社交软件中输出的文件。

　　光面纸 / 铜版纸：适用于输出印刷的文件

C. 储存文件前也能设置

1. 单击"存储图像"按钮。
2. 打开"存储选项"对话框。
3. 勾选"锐化"复选框。
4. 锐化方式选择为"滤色"。
5. 数量选择"标准"。

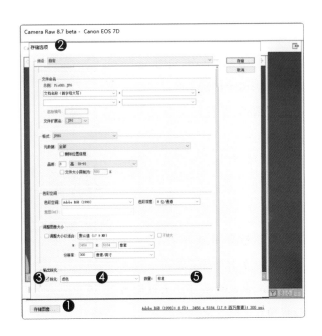

　　"存储选项"对话框中，除了能指定存储路径与文件名称之外，还能调整图像尺寸、控制色彩空间，并指定输出锐化的模式。

1/20s f/4.5 ISO 2000 Photo by Yangbibi

CC版本新增
防抖滤镜

适用版本 CS6\CC
参考范例素材 \06\Pic002.JPG

　　若是拍摄时低于安全快门，镜头又没VR，影像容易产生微晃动，注意，是有些微晃动，不是那种分不出眼睛鼻子的摇晃；同学们可以试试 Photoshop CC 最新出品的防抖滤镜，这是一款能快速收合晃动边缘的锐化效果。

A. 智能对象图层

1. 打开 Mini Bridge 面板
2. 双击 Pic002.JPG 缩略图
3. 在编辑区中打开文件。
4. 在背景图层名称上单击鼠标右键。
5. 执行"转换为智能对象"命令。
6. 完成转换。

　　为了保护背景不受滤镜破坏，所以我们先将背景图层转换为智能对象，这跟 Camera Raw 转出来的智能对象不一样哦！

B. 防抖滤镜 适用版本CC

1. 在菜单栏中选择"滤镜"。
2. 在下拉列表中选取"锐化"。
3. 在"锐化"子菜单中选择"防抖"滤镜。

　　智能对象能保持原图不受损坏，因此滤镜不会直接套用到图像内，而是以独立图层的方式，套用在图像之外，等会儿就知道了。

C. 查看防抖前后的差异

1. 打开"防抖"对话框。
2. 取消勾选"预览"复选框，再次勾选打开预览。
3. 查看图像套用防抖默认值前后的差异。

　　杨比比觉得防抖的默认值安排得很好，是一组相当中庸、安全、适合多数图像使用的锐化效果，如果没有特殊需求，就可以直接单击对话框中的"确定"按钮。

D. 高级控制模糊区域

1. 单击"高级"展开选项卡。
2. 勾选"激活/停用模糊描摹"复选框。
3. 勾选"显示模糊评估区域"复选框。
4. 拖曳滑块到评估区。
5. 细节显示比例为1x。

请找出照片中晃动最厉害的区域，作为评估区；先说略，所谓晃动最厉害，还是有个底线，不是那种没对到焦，糊成一片的哦！

E. 扩大评估区的范围

1. 拖曳控制点扩大评估区
2. 拖曳中心点调整评估位置
3. 试着勾选"预览"复选框，观察防抖套用后的差异。

试着取消"伪像抑制"复选框的勾选，这会让防抖滤镜集中图像的效果更明显。

F. 增加模糊评估区

1. 单击"模糊评估工具"按钮。
2. 拖曳拉出模糊评估范围。
3. 新增模糊评估区。
4. 单击"确定"按钮。

　　同学们可以在编辑区中单击不再需要的模糊评估区，按"Delete"键，删除评估区。

G. 智慧型滤镜防抖

1. 将防抖滤镜套用在图层之外。
2. 双击"防抖"图层，能再度启动"防抖"对话框进行参数调整。

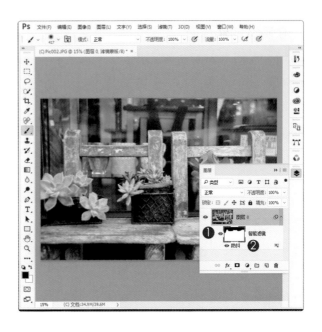

　　试着运用画笔工具，在智慧型滤镜蒙版中，以黑色遮住不需要套用滤镜的影像区域。如何，比直接加在图层中，弹性多了吧！

　　下次套用滤镜前，别忘了转换图层哦！

1/80s f/13 ISO 100 Photo by

顶尖摄影师的
锐化参数

适用版本 CS6\CC
参考范例素材\06\Pic003.jpg

　　编辑影像，会略微降低照片原有的清晰度，因此建议大家在存档前执行锐化处理；适度的锐化能修正些微的晃动与模糊，也能使影像呈现更完美的面貌。现在，请参考顶尖摄影师常用的锐化参数。

A. 建立智能图层

1. 打开 Pic003_1.jpg。
2. 在背景图层名称上单击鼠标右键。
3. 执行"转换为智能对象"命令。
4. 完成转换。

　　套用滤镜，记得先将图层转换为"智能对象图层"，智能对象不仅能保护原图，还能反复调整滤镜参数，一举两得。

B. USM锐化调整

1. 在菜单栏中选择"滤镜"。
2. 在下拉列表中选取"锐化"
   选项。
3. 执行"USM锐化"命令。

　　USM 锐化调整滤镜是模拟
传统暗房技巧，以模糊影像为
蒙版，并加强影像边缘的锐化效
果，也是最受喜爱的锐化滤镜。

C. 云彩花朵等柔和主体

1. 在"USM锐化"对话框中设
   置各项参数，将数量设置为
   "150%"。
2. 半径设置为"1.0 像素"。
3. 阈值设置为"3色阶"。
4. 单击"确定"按钮。

　　USM 锐化调整滤镜中的参
数作用如下。
　　数量：控制锐化强烈的程度。
　　半径：控制锐化边缘扩及的
的宽度。
　　阈值：以颜色差异度决定锐
化调整范围。

D. 降低锐化边缘光晕

1. 双击"混合选项"按钮。
2. 打开"混合选项"对话框
3. 混合模式选择为"明度"。
4. 单击"确定"按钮。

混合模式改为"明度"可以大幅降低影像因套用锐化滤镜所产生的边缘光晕。效果相当不错，尤其在印刷上，效果更好。

E. 人像锐化

1. 打开"USM锐化"对话框。
2. 数量设置为"75%"。
3. 半径设置为"2.0像素"。
4. 阈值设置为"3色阶"。

上述的数值设定能带出以人像为主题的柔和感，并使眼神明亮，还能展现发丝光泽。

F. 一般常用中度锐化

1. 打开"USM 锐化"对话框。

2. 数量设置为"120%"。

3. 半径设置为"1.0 像素"。

4. 阈值设置为"3 色阶"。

　　上述的锐化参数适合用在商品摄影，或是室外风景摄影中，能增加清晰度与细节。

G. 强烈锐化参数

1. 打开"USM 锐化"对话框。

2. 数量设置为"65%"。

3. 半径设置为"4.0 像素"。

4. 阈值设置为"3 色阶"。

　　半径扩展到"4"个像素，锐化效果相当明显；适用于锐化机械、建筑物、岩石，还有比比家里这台复古的老车上。

1/500s f/11 ISO 100 Photo by

最重要的
锐化效果

适用版本 CS6\CC
参考范例素材 \06\Pic004.jpg

　　每次谈起"高反差保留"比比都会觉得很尴尬，因为它压根不是锐化菜单上的滤镜；可是这本书、同学们手上翻的整本书，照片的锐化处理，都是靠"颜色快调"完成的，那还有什么疑问，重要度绝对1000%。

A. 建立智能对象

1. 打开 Pic004.jpg。
2. 在背景图层名称上单击鼠标
　右键。
3. 执行"转换为智能对象"命令。
4. 完成转换。

　　居然有词穷的感觉，相同的程序写太多，都不知道能变出什么内容；反正哦，老话一句，影像处理，保护原图最重要咯！

B. 画面错位

1. 在菜单栏中选择"滤镜"。
2. 在下拉列表中选取"其他"选项。
3. 执行"高反差保留"命令。
4. 锐化边缘半径为"1.0 像素"。
5. 单击"确定"按钮。

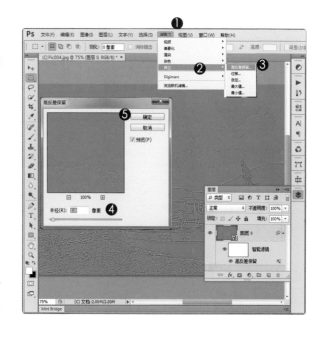

　　"高反差保留"滤镜能加强影像边缘，进而使得影像边缘产生收合的集中感；半径不需要太高，控制在 1 像素～3 像素就可以。

C. 改变混合模式

1. 双击"混合选项"按钮。
2. 混合模式选择"叠加"。
3. 单击"确定"按钮。
4. 单击"指示图层可见性"图示，反复打开关闭高反差保留，查看影像锐化的效果。

　　一定要记得这款神奇的"高反差保留"，也请记得将混合模式改为"叠加"才能看到锐化之后的影像效果。

人 • 单车
山林里最美的风景
1/500s f4 ISO 80
Photo by Eddie Chen

简单深刻的文字描述
最能感动观赏者

　　Eddie Chen是炙手可热的单车旅游作者，喜欢以简单的方式记录下乡间林野、高山云彩的美，透过他的描述与说明，即便没有在阳光下踩踏挥汗，都能闻到空气中传来阵阵的芳香。

选用阅读性高的字体

　　中文字体的选择性虽然不及英文字体高，但这几年，各大公司陆续研发，倒也出现不少相当有趣、可爱，受欢迎的字体；但喜爱不见得适合，文字是图片的一部分，想要感动观赏的心，字体越简单、阅读性越高、越能抓住浏览者的目光。

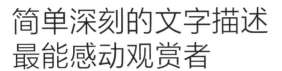

黑体　幼圆　仿宋体

　▲ 黑体、幼圆、仿宋体，具有平衡的结构，字体线条优雅，都是阅读性相当高的字体，建议同学选用。

善用衬底元素表现文字

　　照片中描述文字最好的颜色就是"黑、白、灰"，但黑白灰容易被照片中忽明忽暗的色调影响文字的阅读性，因此同学可以考虑在文字中加入"阴影"或是"半透明的矩形框"作为衬底元素。

最美的风景

　◀ 相同画面中字体若是超过三种，容易使画面杂乱，也影响阅读情绪。

1/800s f/4 ISO 80 Photo by Eddie Chen

更迭的感动。

投影效果
能突出文字

适用版本 CS6\CC
参考范例素材 \06\Pic005.JPG

　　文字用来传达情感、记录过程，同学得挑选"简单"的字体，不要再瞄那些花哨的蝌蚪体、水管体（好奇这字体名称是怎么定的）；请将文字放置在主题位置旁边，让浏览者的目光可以由文字描述延伸到主角身上。

A. 打开范例文件

1. 打开 Pic005.JPG。
2. 在编辑区显示文件。
3. 图层面板显示背景图层。

　　这是最后一个章节，也是倒数第三个范例（应该是这样吧），快结束了耶，有没有点舍不得，有空记得到社交网络打声招呼。

B. 建立文字图层

1. 单击"文字工具"图标。

2. 在工具属性栏中调整文字属性。

3. 指定文字颜色为"白色"。

4. 单击编辑区指定文字插入点。

5. 立刻显示文字图层。

　　目前的文字图层尚未加入文字，因此以"图层"暂时命名。若是想取消文字输入的动作，请按下"Esc"键。

C. 输入文字内容

1. 单击"左对齐文本"按钮。

2. 输入文字内容。

3. 单击"√"按钮，结束文字输入。

4. 图层名称更换为文字内容。

　　文字图层会自动以文字内容来进行命名，如果同学看到以"图层 1"或"图层 2"为名称的文字图层，那就表示我们在无意间建立了几个空白的文字图层，记得把它们删除，免得占据图层面板的空间。

D. 调整文字尺寸与位置

1. 单击文字图层。

2. 单击"移动工具"图标。

3. 勾选"显示变换控件"复选框。

4. 文字外侧显示变换控制框，拖曳控制框调整文字尺寸。

5. 按下"保持长宽比"按钮。

6. 再次拖曳变换控制框。

7. 单击"√"按钮完成文字调整。

　　试着将鼠标移入控制框内，能移动文字位置，或是将鼠标移到控制框外，旋转文字。

E. 文字加入投影

1. 单击选取文字图层。

2. 按下"fx"按钮。

3. 单击"投影"样式。

4. 打开"图层样式"对话框。

5. 降低投影不透明度为"50%"。

6. 减少"距离"数值，使投影与文字更接近。

7. 减少"大小"数值，使投影边缘更清晰。

8. 单击"确定"按钮。

9. 文字加入了投影。

F. 反复调整投影参数

1. 文字图层下方新增了投影效果，单击眼睛图示能关闭投影。
2. 双击投影效果名称。
3. 重新启动"图层样式"对话框，试着修改数值调整投影。
4. 单击"确定"按钮。

　　拖曳投影效果到图层面板下方的垃圾桶按钮上，即可以删除投影效果，很方便吧！

G. 修改文字内容

1. 双击"抓手工具"图标，以全图方式查看图片，并观察文字在画面中的位置。
2. 单击"文字工具"图标。
3. 拖曳选取文字。
4. 改变字体样式为"Bold"。
5. 单击"√"按钮完成文字编辑。

　　文字图层建立后，可以再使用"文字工具"修改文字内容、变更字体、样式，或是调整文字颜色，弹性很大，请多多运用。

253

1/125s f/6.3 ISO 200 Photo by Eddie Chen

衬底矩形
使文字更清晰

适用版本CS6\CC
参考范例素材\06\Pic006.tif

　　学会使用简单的文字置入照片之后，接着就得要求文字的清晰度；描述性的文字，一定要让观赏者看得清楚，所以我们可以考虑在文字下方，加入一个半透明的黑色或是白色矩形，作为衬底，让浏览者可以清楚地看到文字内容。

A. 打开范例文件

1. 打开 Pic006.tif。

2. 在编辑区显示文件。

3. 在图层面板中显示背景图层与文字图层。

4. 单击选取"背景"图层。

5. 单击"矩形工具"图标。

6. 模式选择"形状"。

7. 填充选择"黑色"。

8. 描边选择"无填满"。